U0056631

如何遇見好喝的葡萄酒？

Discover your perfect wine.

田中克幸

三悅文化

序言

這是本內容非常簡單的書。講的都是一些常識性的東西，可能還會有人為了看到這麼淺顯的東西而感到生氣吧！不過，如果這樣的常識能夠做為一般常識而通用於世的話，那麼葡萄酒文化應該會更貼近我們才對。

事實上，葡萄酒不可思議的地方就在於能夠將簡單的事情變得複雜。對於把它當成遊戲的人而言，這種複雜本身就是件有趣的事。但是許多人應該都不會把這個遊戲當成是遊戲，或者是一點都不想參與這個遊戲吧！把簡單的東西鑽研出深度，這是嗜好的世界。嗜好會讓人感到開心，跟有著相同嗜好的人口沫橫飛地聊著這些好玩的話題是件讓人開心的事。不過，各位都是葡萄酒迷嗎？如果是葡萄酒迷的話，那麼可能會對這本連入門書都說不上，內容相當淺顯的書一點興趣都沒有吧！

舉個極端的例子：正常應該是清爽、味道酸酸的、然後聞起來有檸檬香氣的白酒；但是同種的另一款卻是帶有黏性、酸度低然後感覺有點奶油的香味。對於這樣的情形，葡萄酒迷會像這樣子對話：「啊～這瓶葡萄酒有做乳酸發酵」、「10年的話這也是沒辦法的事，pH值2．9會賣不出去吧！」、「雖然是這樣，但是乳酸味滿重的，酒石酸的比例好像太低了」、「會不會是因為SO_4的關係？」……。對不是葡萄酒迷的人說，這就是典型的完全不知所云的wine talk。但如果是葡萄酒迷的話，應該就會知道他們在講的一定是德國的雷斯林白酒。

在這裡我們所看到的情形是，將實際感覺到的現象用專業術語來表達。專業術語因為可以用很簡短的詞彙來說明很複雜的東西，所以在使用上非常方便。不過，即使將「現象A＝日常口語表達x，現象B＝日常口語表達y……」轉換成「現象A＝專業術語x，現象B＝專業術語y……」，現象A或B的內容意思也不會改變。當感覺在用言語表達之前，大多數的人都能有共鳴，因此如果是用日常口語來表達感覺，那麼大家都會聽得懂；但是如果刻意改成用專門術語來表達，那麼就變得只有懂專業術語的人才聽得懂了。也就是說，這樣的表達方式只是讓簡單的事情聽起來好像很難罷了。

不過，往往許多人會認為學習那樣的轉換法才是在學喝葡萄酒。因此，對葡萄酒並非真正了解透徹的人會很常用「主詞－be動詞－名詞述語」的句型結構來談論葡萄酒。其實，將葡萄酒的學習術語化就像是歐洲中世紀的拉丁語教育，或是日文假名發明前使用漢字來記錄一樣，把對於葡萄酒的了解只侷限在一小部分的人當中，然後衍生出神選思想（所謂「那些令人反感的葡萄酒迷」的批判文字，其實是其來有自的！），最後妨礙了我們一般人只想了解葡萄酒本身並希望能享受其中的想法。對「部分的專家」而言，由精通葡萄酒所形成的社會階級並且讓它根深蒂固是一種獲利的來源。知識的不對稱（只是做一些文字上的轉換其實也說不上是什麼知識）讓在上位者的專家感覺比在下位者的消費者更優越，使在下位者覺得無法提出質疑，最後只好把在上位者的話當作是神諭般地服從。

為了不讓我們像這樣被排除在葡萄酒之外，同時也避免因為這樣讓我們自己變成「部分的專家」，我們應當要基於一般自然的感覺，然後用一般自然的話來表達葡萄酒才行。其實，喝葡萄酒「原本」就不用特地學習，喜歡葡萄酒的人在談論葡萄酒的時後，會用「主詞－動詞」或是「主詞－be動詞－形容詞」的結構，而非是「主詞－be動詞－述語名詞」的結構來表現，而這其實才是正確的。知道「這款葡萄酒是Chambolle-Musigny 」又如何呢？但是如果用「這葡萄酒讓人感覺心癢癢的」或是「這葡萄酒很有吸引力」，像這樣將感覺直接表現出來，然後展開接下來的故事。如此一來，才能找到這款葡萄酒對自己本身的意義為何。

此外，用專門術語將葡萄酒以名詞表達還會帶來另外一個問題，那就是葡萄酒的個別化。我們經常聽到對於某款葡萄酒會這樣描述：「黑狐尾葡萄（Pallagrello Nero）60％，卡薩維奇亞葡萄（Casavecchia）40％」、「Stockinger製的stuck*，18個月熟成」等個別的說明。實際在賣場的葡萄酒介紹當中，也確實是像這樣將事實一一羅列的。另外，認為要記住這些說明才算是懂葡萄酒的人似乎也是有的。

不過，事實其實未必就一定是有意義的資訊。例如對於不懂黑狐尾葡萄和卡薩維奇亞葡萄是怎樣味道的人來說，剛才的說明其實是沒有任何意義的。即使問店員「60％、40％是怎樣的味道呢？為何要這樣？」，大部分的時候也沒有人會回答我們。剛剛的數字，其實要與更常聽到的黑狐尾葡萄１００％和卡薩維奇亞葡萄１００％來進行比較後，才會開始變得有意義。也就是說當個別的事實在事實群組裡的位置被釐清之後，這個事實才能成為有意義的資訊。

學習葡萄酒，不能陷入只是將個別獨立的事實不斷地累積而忽略了整體的視野和統合的原理。品嚐10款葡萄酒後，任何人都能夠說出「第1款葡萄酒的味道如何如何，第2款葡萄酒的味道如何如何」。但是如果接下來要求「請將這些葡萄酒加以分類」，那麼許多人就無法再繼續思考了。會這樣是因為缺乏以整體的角度來思考這10款葡萄酒，所以腦子一下子想不出來任何可以分類的指標。這樣一來，對認識葡萄酒就沒有任何幫助了。就好比對酒單上10款葡萄酒的介紹知之甚詳，但是卻不知道某款葡萄酒為何適合搭配某種料理一樣。

葡萄酒迷或許會說；「可以將使用的酵母做為指標，分成了Davis所制定的#522、和#750」，像這樣以學術研究的方法來回答。初學者則可能會說：「可以用鹽味、醬油味和味噌味來分類」，像這樣以現實生活中所熟悉的分法為基礎來加以分類。前者的分類能對應物理客觀的事實：#522實際上是存在的；而後者的分類則呼應了個人主觀的感覺：味噌味道的葡萄酒實際上是不存在的。

受世上所推薦的，應該是像前者那樣以客觀的事實為基礎來分類的葡萄酒觀。可是，為了讓一般人也能夠在生活當中很自然地享受葡萄酒，像後者那樣有如初學者般的分類方法應當會更加有用。我對葡萄酒的看法其實就像一般的消費者以及一般的初學者一樣。雖然長年執筆寫些東西並出席演講有關葡萄酒的各種活動，但是不管在任何時候，我都會把自己當成是個初學者，而我覺得這樣做很好。

當我想要能夠自己挑選葡萄酒於是開始思考葡萄酒時，那已經是數十年以前的事了。但即使到現在，我也仍然不覺得已經找到能夠完全令人滿意的方法來挑選葡萄酒。我知道像我這樣還不夠成熟的人要對各位說些什麼實在是沒有資格，但是有件事是十分確定的，那就是「葡萄酒能夠讓我們的生活更加豐富。只要用正確的動機、正確的目的、正確的邏輯將葡萄酒擺在正確的位置，那麼我們就能得到這樣的豐富」。正確的定義對每個人來說都不一樣，但希望這本書對各位來說都是個契機，能讓我們思考對我們自身而言什麼是對的，同時也希望能夠成為各位在挑選葡萄酒時的一個參考指標。

*Stockinger製的stuck，Stockinger是奧地利一家知名的橡木桶製造廠，stuck是他們所生產、容量1200公升的橡木桶名稱。

Contents

002 序言

013 Hint 1 基本篇①
從想喝喝看的味道中挑選葡萄酒

014 葡萄酒的味道是由4根支柱所形成的

016 味道「圓潤」與味道「分明」，想喝喝看哪一種？

018 了解葡萄酒1．土地篇「圓潤」與「分明」＝葡萄園在「水邊」或「山邊」

021 味道「圓潤」和味道「分明」推薦的葡萄酒

022 口感「清爽」與口感「黏稠」，想喝喝看哪一種？

024 了解葡萄酒2．土地篇「清爽」與「黏稠」＝土壤是「砂土」或「黏土」

027 口感「清爽」和口感「黏稠」推薦的葡萄酒

028 口感「俐落」與口感「輕柔」，想喝喝看哪一種？

030 了解葡萄酒3．土地篇「俐落」與「輕柔」＝葡萄園的土壤有沒有含石灰

033 口感「俐落」和口感「輕柔」推薦的葡萄酒

034 味道「淡薄」與味道「濃郁」，想喝喝看哪一種？

036 了解葡萄酒4．氣候篇「濃郁」與「淡薄」＝雨少或是雨多

039 味道「淡薄」與味道「濃郁」推薦的葡萄酒

040 味道「酸」與味道「不酸」，想喝喝看哪一種？
042 了解葡萄酒5・氣候篇 味道「酸」與味道「不酸」＝涼爽的年份或是炎熱的年份
045 味道「酸」與味道「不酸」 推薦的葡萄酒

046 澀味與沒有澀味，想喝喝看哪一種？
048 了解葡萄酒6・人工篇 「澀味」與「沒有澀味」＝是否有萃取單寧
051 「澀味」與「沒有澀味」 推薦的葡萄酒

052 「橡木桶風味」和「沒有橡木桶風味」，想喝喝看哪一種？
054 了解葡萄酒7・人工篇 「橡木桶風味」和「沒有橡木桶風味」＝葡萄酒是否在橡木桶裡熟成
057 「橡木桶風味」和「沒有橡木桶風味」 推薦的葡萄酒

061 Hint 2｜基本篇②
用喜歡的角色
來挑選葡萄酒

062 就像每個人都有各自的個性，葡萄也有各種不同的性格

064 卡本內蘇維翁 Cabernet Sauvignon
066 雷斯林 Riesling
068 蜜思嘉 Muscat
070 白蘇維翁 Sauvignon Blanc

072 希哈 Syrah
074 格那希 Grenache
076 灰皮諾 Pinot Gris
078 嘉美 Gamay
080 黑皮諾 Pinot Noir
082 夏多內 Chardonnay

085 Hint 3 應用篇①
探索料理與葡萄酒所共通的樣貌

086 葡萄酒的「味道」除了酸、甜、苦、鹹、鮮以外，還有以樣貌所呈現的「味道」
088 天上飛的重心在上，地上爬的重心在下
味道的樣貌① 重心
090 重心在上的葡萄酒代表
091 重心在下的葡萄酒代表
092 堅硬而脂肪少的是四角形，柔軟而脂肪多的是圓形
味道的樣貌② 形狀
094 圓形味道的葡萄酒代表
095 四角形味道的葡萄酒代表

096 價格高則味道感覺大，價格低則味道感覺小

味道的樣貌③ 大小

098 味道感覺大的葡萄酒代表

099 味道感覺小的葡萄酒代表

100 烤的東西味道集中，煮的東西味道擴散

味道的樣貌④ 分佈

102 味道集中的葡萄酒代表

103 味道擴散的葡萄酒代表

104 〈驗證〉料理與葡萄酒的合適搭配① 炸雞

106 〈驗證〉料理與葡萄酒的合適搭配② 薑燒豬肉

108 〈驗證〉料理與葡萄酒的合適搭配③ 法式嫩煎白肉魚

110 〈驗證〉料理與葡萄酒的合適搭配④ 烤肉

112 〈驗證〉料理與葡萄酒的合適搭配⑤ 串燒

114 〈驗證〉料理與葡萄酒的合適搭配⑥ 生魚片

116 〈驗證〉料理與葡萄酒的合適搭配⑦ 紅酒燉牛肉

118 〈驗證〉料理與葡萄酒的合適搭配⑧ 關東煮

120 〈驗證〉料理與葡萄酒的合適搭配⑨ 煎餃

122 〈驗證〉料理與葡萄酒的合適搭配⑩ 海鮮沙拉

127
Hint 4 應用篇②
挑選適合的
葡萄酒
來珍惜那
無法取代的瞬間

128 不同季節所適合的葡萄酒 品味春季
130 不同季節所適合的葡萄酒 品味夏季
132 不同季節所適合的葡萄酒 品味秋季
134 不同季節所適合的葡萄酒 品味冬季
136 不同時間所適合的葡萄酒 品味一天
138 不同對象所適合的葡萄酒 面對自己
140 不同對象所適合的葡萄酒 為兩人之間搭起橋樑
144 不同對象所適合的葡萄酒 為帶動氣氛

147
Hint 5 實踐篇
看一看、
試一試吧！
今天的目的
是找葡萄酒

148 Case 1 在百貨公司選購
適合帶去朋友家參加聚會喝的葡萄酒
松屋銀座地下一樓「Gourmarche Vin」

152 Case 2 在超市選購
買外食一個人在家吃所適合的葡萄酒
成城石井新丸大樓店

156 取材・攝影協助
158 結語

原來如此專欄

058 試著品嚐並且比較同一款葡萄酒看看
選擇適當的時間與地點／試著撕下背面酒標吧！／試著用各種器皿喝看看

124 解讀酒標的技巧
正面酒標／背面酒標

Short Essay

012 別人打的分數是你評價為是否好喝的參考依據嗎？

084 請避免刻意將葡萄酒換到不同容器或是搖晃而讓味道變得不好

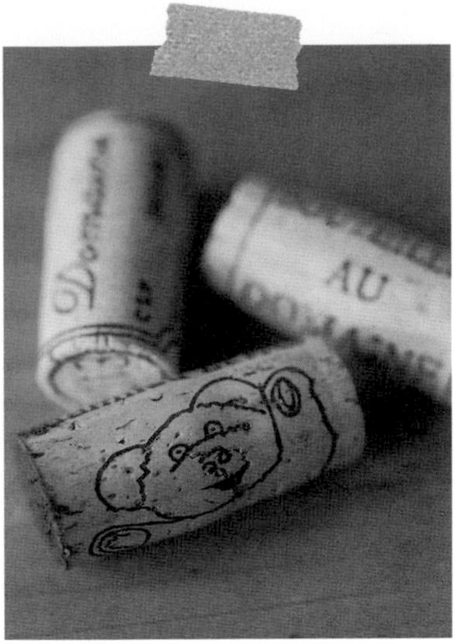

＊除了Hint 5所介紹的葡萄酒以外，其餘的價格全部皆於2014年10月自行調查的廠商建議售價（不含稅）。

Short Essay

別人打的分數
是你評價為是否好喝的
參考依據嗎？

如果到葡萄酒專賣店，常會看到葡萄酒的介紹上寫著90分或者95分等分數。看起來好像是學生時代的考試分數，而實際上也正是如此。也就是說95分的葡萄酒會比90分的葡萄酒還要更好的意思。

所謂的分數，是品評者基於某種評價標準所決定出來的東西。品評者想要表明自己覺得哪支葡萄酒有多好喝，那是個人的自由，這本身並沒有問題。

如果我們能理解並認同那品評者以自己的喜好和美感為基礎的評價標準，那麼那品評者所打的分數對我們來說就有意義。不過在現實上，分數通常只是分數自己在唱獨角戲罷了，就像所有的葡萄酒都是各自在獨立的價值標準當中平行排列一樣。

一百個人有一百種價值標準，這是相當理所當然的事。甚至是一個人也會有超過一百種的價值標準，這也是理所當然的事。只要感覺不同，想喝的葡萄酒也會跟著改變，而你的心情也只有你自己才會了解。

此外，將葡萄酒全置於同一個條件下飲用然後決定出分數也會是個問題。所謂的葡萄酒，究竟是否能完全地將它從周邊所有的環境中獨立切出，然後純粹地飲用呢？不對不對，所有現實中的葡萄酒應該都是在某個時間點的某種情況下拿來喝的，除此之外別無其他可能。

也就是說，葡萄酒的好壞，只有實際上在某個時間點的某種情況下喝著的你才能夠決定，其他人都不能代替你作出評價。

Hint_1

基本篇①

和貴或便宜沒有關係！
也不想被別人的意見左右
從想喝喝看的味道中
挑選葡萄酒

想買到滿意的葡萄酒，想喝到好喝的葡萄酒；
但是不知道自己想要、想喝什麼味道的葡萄酒。
首先，可以先從思考葡萄酒本身的味道開始，試著表達看看，
然後找出與自己的交集點。

葡萄酒的味道是由4根支柱所形成的

葡萄酒初學者最容易犯的錯就是會立刻想選「好喝的葡萄酒」或「喜歡的口味的葡萄酒」。

即使直接到葡萄酒專賣店說：「請給我好喝的葡萄酒」，那也是行不通的。因為放在葡萄酒專賣店的數千種葡萄酒，就某個程度來說其實都算是好喝的葡萄酒。如果不用「好喝」以外的詞彙來表達你想要什麼樣的味道，那麼你將會無法真正找到你覺得好喝的葡萄酒。

此外，喜歡的味道也絕非是一成不變，而是會隨著心情、時間、狀況以及喝的目的不同而跟著改變。所以一旦我們具體地認定喜歡的葡萄酒就只有某一種味道時，那麼將無法應付一直在變化的各種「喜歡」，進而侷限了我們的心情和感受。

會讓我們在當時的心情、時間、狀況下覺得好喝的葡萄酒究竟具備了什麼特質？又是如何產生出來的？我們應該要去理解，並用有效的言語把它表達出來才行。因此在這裡，首先了解什麼是形成葡萄酒味道的4個基本要素。接著，再讓我們舉一些例子來看看這些要素會產生怎樣的味道吧！

另外，現在流行用專門的葡萄酒術語來形容葡萄酒的味道並當作是共同的語言，但這其實是本末倒置的。如果無法用一般語言表達，那麼葡萄酒的味道與「活在現實」當中的我們將無法產生交集。

葡萄酒的4根支柱

1

土地

葡萄酒是農產品。因葡萄園的不同而形成各種味道

雖然說是土地，但也可以從地形、方位、海拔高度、土壤性質以及地質等各種不同的角度切入，而且每個都和味道有著非常緊密的關聯性，但是讓我們先以葡萄園「離水近不近」、「是砂土還是黏土」以及「有沒有石灰」來分類吧！

p.16-33

2

氣候

每年不同的氣候。因此每年的葡萄酒也都不一樣

葡萄一年只收成一次，所形成的味道則反映出從栽種到採收前的整個氣候狀況。因此，葡萄酒都會標示著收成的年份。在所有的氣候條件中，對味道的影響最重要的則是每年不同的降雨量和氣溫。

p.34-45

3

人工

加入人工因素之後，葡萄酒才能展現自然風味

在哪裡種植什麼、如何栽培、何時收成以及如何釀造等，葡萄酒由人的意志決定而形成各種風貌。雖然只是非常小的一部分，但這裡想要提的是釀造時的萃取，以及熟成用的橡木桶這兩種人工因素。

p.46-57

4

葡萄品種

葡萄的品種有上百種。各有各自不同的風味

葡萄的品種不同，釀造出的葡萄酒味道也會跟著不一樣。雖然如此，但要記住每一種的不同其實是非常困難的。首先，讓我們聚焦於葡萄酒在個性上的差異，並且將10個主要的葡萄品種分成2類來理解看看吧！

p.62-83

味道「圓潤」與味道「分明」，想喝喝看哪一種？

所謂的味道，其實不只侷限在酸味、甜味、苦味、辣味和鹹味。我們應當要有一個概念，那就是味道是可以用各種詞彙來自由表達的。

讓我們實際將「味道」套上各種詞彙來形容看看吧！「神經質的味道」與「不拘小節的味道」，「滿是謊言的味道」與「誠實的味道」，任何一個都可以。而且各位在吃東西的時候，也應該都曾有過那樣的表達經驗才對。那種味道究竟是怎樣的味道？如果多少有些前後文的話，應該能推測得到，並且應該也可以理解那種味道。

日本的葡萄酒專家大概都不喜歡像那樣的表達方式，然後會用一些葡萄酒用語像是「soyeux*」或「tendres*」等連我都不懂的詞彙來使用吧！我覺得就是像這樣才會使葡萄酒讓人難以理解，並造成消費者卻步的原因。例如一問到「這是什麼味道的葡萄酒？」，大多數的人都會說得吞吞吐吐的。這是因為大家都被洗腦，認為要表達葡萄酒的味道，就一定要從嚴格規定的葡萄酒用語體系中挑選適當的詞彙來表達才行。這可真是大錯特錯。葡萄酒其實反而應該要用日常用語來談論才對。

那麼，首先讓我們來看看「圓潤」與「分明」這兩種味道。在葡萄酒之中，有味道圓潤和味道分明這兩種相對概念味道的葡萄酒。這兩種味道就跟字本身的意思一樣，如果再特別加以說明難免會感覺有些畫蛇添足，但是所謂的「圓潤」，舉例來說，就像是帶著濕氣般的、被溫柔地包圍著般的、對比性低的、柔軟的、如曚曨的春天彩霞般的葡萄酒。像那樣的心情，或是想搭配像那樣感覺的料理時，這種味道的葡萄酒會很適合。相反地，所謂的「分明」，就像是嚴肅的、理性分析的、對峙的、強弱清楚的、堅硬的、如清澄的冬日空氣般的葡萄酒。如果是想要某種味道，喝到的卻是另一種味道的葡萄酒，那真的會很討厭對吧！

那麼，在這兩者當中，要注意些什麼才能確實地選到自己想要的味道呢？讓我們繼續接著解說吧！

＊soyeux（絲滑）、tendres（柔和），皆是用來形容葡萄酒品質的術語。

如果將這2種味道以料理舉例

味道圓潤的代表

- □ 小火鍋的肉
- □ 湯豆腐
- □ 燉魚

等

味道分明的代表

- □ 紅肉牛排
- □ 蔬菜沙拉棒
- □ 小沙丁魚乾片

等

「圓潤」與「分明」＝葡萄園在「水邊」或「山邊」

葡萄園如果在水邊，則葡萄酒的味道就會變得圓潤；如果是在山邊，則味道就會變得分明。

所謂的水邊，指的是附近有相當多水的地方，也就是位於河川、湖泊或海洋附近的地方。所謂的山邊則剛好相反，指的是在內陸離水很遠的地方。由於水的比熱（＊）很大，有著不容易變熱也不容易變冷的特徵，因此水邊的溫差小。在那樣的地方所產的葡萄酒，會比溫差大的地方所產的葡萄酒味道更溫和、沉穩以及柔軟。

此外，水會給空氣帶來濕氣，因此在那樣的地方所產的葡萄酒，會比空氣乾燥的地方所產的葡萄酒味道更滑潤柔順。另外，水邊的海拔通常會比山邊還低，海拔低的地方所產的葡萄酒，味道彷彿緩慢地向兩邊擴散；而海拔高的地方所產的葡萄酒，味道則有如緊繃地向上拉一般。

法國的勃根地和阿爾薩斯、義大利的巴魯洛都位在山邊。

＊單位重量物質的溫度昇高1度所需的熱量。像水那樣比熱很大的話，不易熱也不易冷。相反地，如果比熱較小，則易熱易冷。

法國的波爾多和羅亞爾河谷地、紐西蘭的馬爾堡都位在水邊。

像這樣結合各種要素，因而形成「圓潤」與「分明」這兩種截然不同的味道。因此，如果想喝味道圓潤的葡萄酒，那就盡可能選葡萄園離水近一點的；如果想喝味道分明的葡萄酒，則盡可能選離水遠一點的。

讓我們來看一看法國的全國地圖吧！如果比較波爾多（Bordeaux）和阿爾薩斯（Alsace）這兩個產區的位置，就可以知道波爾多離大西洋比較近，而阿爾薩斯則位在內陸深處。因此如果以產地整體的平均來看，前者味道圓潤而後者味道分明。同樣的，南隆河區（Southern Rhône）的味道圓潤而勃根地（Burgundy）的味道分明。

即使是同一個產區也會有不同的差異。在整體味道屬於圓潤的波爾多葡萄酒當中，佛朗莎（Fronsac）離河川約1公里左右，魯薩克-聖特美隆（Lussac-Saint-Émilion）約9公里。因此前者味道非常圓潤，而後者的味道則有一點點分明。即使分得再細道理也還是一樣：在聖朱利安區（Saint-Julien）所產的葡萄酒當中，距離河川只有1公里遠的杜庫寶嘉龍酒堡（Château Ducru-Beaucaillou），味道會比離河川約2公里遠的拉侯斯酒堡（Château Gruaud-Larose）要來得更圓潤。

如果手邊有葡萄酒的地圖會非常方便，但是即使不買地圖，只要從網路搜尋也能很快地就找到相關的資料，或者也可以直接向侍酒師或店員問問看「請問這瓶葡萄酒的葡萄園是在海或河川的附近嗎？」。

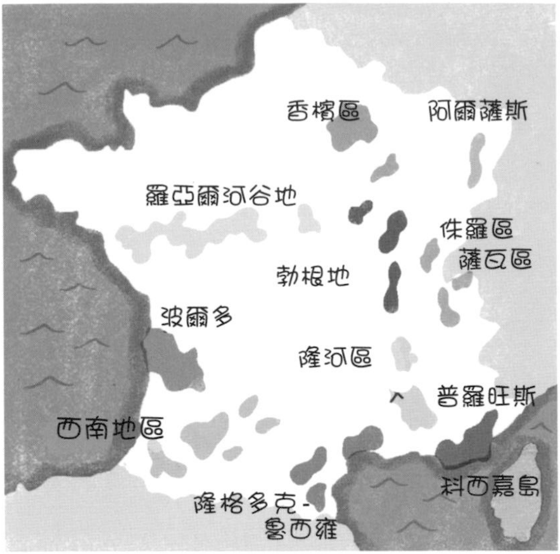

法國的葡萄酒產區

靠近大西洋的波爾多和靠近地中海的隆格多克 - 魯西雍（Languedoc-Roussillon），然後是位於內陸的勃根地以及阿爾薩斯。用法國全地的規模來看，也可以知道有水邊產區與山邊產區。

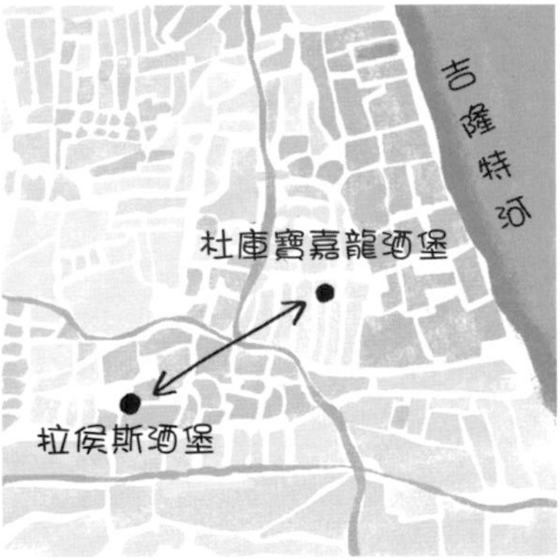

聖朱利安葡萄園地圖

葡萄園就在河川不遠前的杜庫寶嘉龍酒堡比稍微位居內陸的拉侯斯酒堡更有水邊風味。

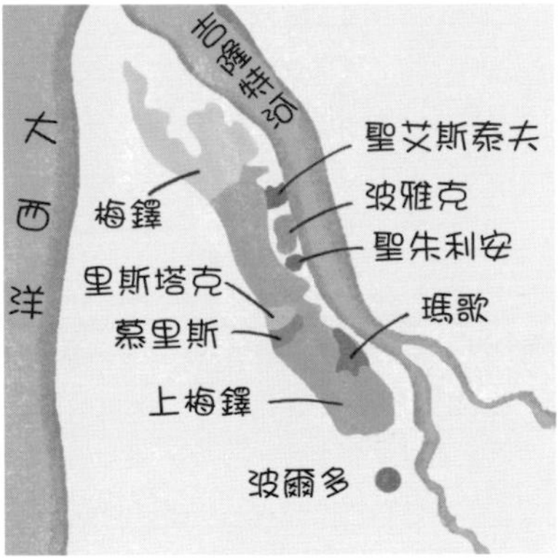

波爾多產區地圖

即使是位於水邊的波爾多，靠近大西洋的梅鐸以及面臨吉隆特河的聖朱利安會比位在內陸的里斯塔克更具有水邊風味。

味道「圓潤」和味道「分明」推薦的葡萄酒

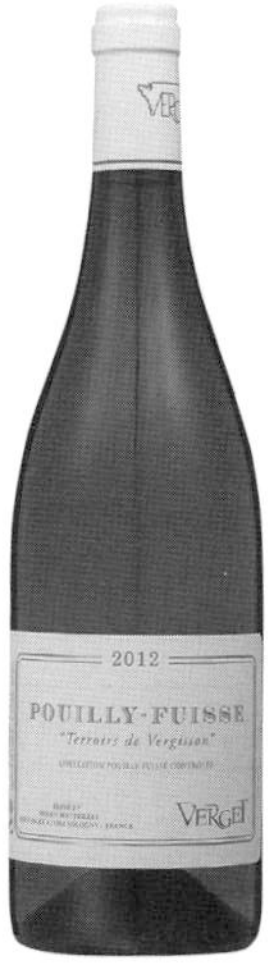

味道「分明」的代表

Pouilly-Fuissé Terroir de Vergisson 2012年

酒莊／廠：VERGET
產地：法國／勃根地
葡萄品種：夏多內（白）
建議售價（不含稅）：4,800日圓
進口商：八田

位於索恩河以西9公里的維爾基松（Vergisson）的葡萄園。從距離來看雖然相當靠近水邊，但是中間是山，而葡萄園則位在地形有如大地斷裂向上彈起的山坡上，因此與Viré-Clessé相比可說是兩個不同的極端，相當具有山邊的風味。味道就像大樓般，直線、垂直而質地剛硬。

味道「圓潤」的代表

Viré-Clessé Vieilles Vignes 2012年

酒莊／廠：DOMAINE PASCAL BONHOMME
產地：法國／勃根地
葡萄品種：夏多內（白）
建議售價（不含稅）：2,780日圓
進口商：Vinos Yamazaki

位於法國內陸的勃根地，既不受海的影響，葡萄園附近也沒有河川。唯一的例外是Viré-Clessé。葡萄園位於索恩河以西4公里處的平緩丘陵。溫和不銳利的柔軟質感正是道地的水邊風味，可說是與富含水份的日本料理相當搭配的勃根地代表。

口感「清爽」與口感「黏稠」，想喝喝看哪一種？

味道是有質感的。雖然我不能知道為什麼會有「味覺就等於五味」這樣的說法，但是當我們在飲食的時後，一定還會有五味以外的感覺才對。這回要提的「乾爽」與「黏稠」，就是典型的在質感上不同的味道。

舉例來說，紅茶與芒果汁這兩個同樣都是飲料，但是這兩者之間有什麼不同呢？雖然就五味來說味道當然不一樣，但其實主要是在於質感上的不同：紅茶口感「清爽」，而芒果汁口感「黏稠」。食物也同樣可以分成這兩種類型：絹豆腐要比胡麻豆腐的口感還要清爽；青魽或是鮪魚肚生魚片要比牛尾魚或綠鰭魚生魚片的口感更為黏稠。

葡萄酒當中也有「清爽」和「黏稠」這兩種類型。並不是哪一個比較好或哪一個比較差，就像世界上因為有各式各樣的人所以才顯得有趣，如果都是同一種類型那也太無聊了。

即使是人，在與他人交往時也會有想要保持清爽或是更加黏稠的時候。想要保持清爽但對方卻很黏稠的時候，那其實還滿討厭的；而倒過來則會有悲傷的感覺吧！

讓我們來設想一下這樣的場景：在酒吧裡一個人專心地一邊想事情一邊喝著酒，如果倒的葡萄酒相當清爽流暢，那麼感覺好像就只剩下自己而讓人覺得寂寞，這就是所謂的想要被黏稠對待的時候。

在夜晚鰻魚店裡的小包廂，一對男女喝酒一杯接著一杯；三更半夜的一個人，一邊留戀著過去一邊喝著酒，像這些時候，你不覺得黏稠又綿密的葡萄酒會比較適合嗎？

相反地，夏季休假的中午，在烈陽高照下，想喝的通常應該會是能讓人感到乾爽的葡萄酒對吧！如果喝的是黏稠的葡萄酒，那只會讓人感到更加炎熱難受。另外，與社團夥伴大家開些輕鬆玩笑的聚會場合，如果這時喝的是黏稠的葡萄酒，想必會讓氣氛感到凝重吧！

了解這兩種類型之後，更重要的是要能夠適時適所地靈活運用。

如果將這2種味道以料理舉例

口感清爽的代表

- □ 涼拌小黃瓜
- □ 蘿蔔泥蕎麥麵
- □ 鹽烤香魚

等

口感黏稠的代表

- □ 酒粕醃茄子
- □ 滷豬肉
- □ 蒲燒鰻魚

等

了解葡萄酒 2

土地篇

「清爽」與「黏稠」＝土壤是「砂土」或「黏土」

葡萄酒的味道基本上是由葡萄園的土壤所決定的。當我在20年前這樣說的時候經常被笑，但最近則已經變成是一般常識了。

那麼，所謂的「土壤」指的是什麼呢？一旦討論到這個將會沒完沒了，而且根本也不會有絕對的答案。但是可以確定的是，不同的土壤確實會孕育出不同味道的葡萄酒。在這當中，「土質」做為導致差異的重要成因，而值得我們來好好討論。

所謂的土質，指的是將構成土壤的土粒依其不同大小所做的分類。從大到小有礫石*1、粗砂、細砂、沉泥*2以及黏土等。不過這裡所說的「砂」和「黏土」，並不是像學術研究中用嚴謹的數字來區分粒徑大小所做的定義。如果是兩種土壤，用相對概念來說哪一種比較像是砂土、哪一種比較像是黏土這樣的二分法而已。

大家應該都知道哪一種是砂、哪一種是黏土：無法將土混水搓揉成「長條狀」、感覺十分鬆散的是砂土；如果能夠揉成長條狀的則是黏土。如果實際到葡萄園裡看看，確實會有感覺像砂的葡萄園和感覺像黏土的葡萄園。但是大家在買葡萄酒的時後，應該不會真的到葡萄園去看看吧！或許會有人認為這樣一來，那麼這樣的分類是否就沒意義了。其實不然，因為只要在網路搜尋生產者的網頁，然後看看葡萄園或是葡萄酒的說明，幾乎都找得到相關的資訊。此外，也可以向侍酒師或是專賣店的店員詢問，一定都會有答案的。

＊1　礫石即小石子

＊2　沉泥指的是比砂還小，但比黏土還粗的碎屑物質。極細砂。

沙漠必需要有綠洲。對葡萄而言，因為水份少所以形成清爽的質地。

用手抓砂會覺得鬆鬆沙沙的，黏土則會感覺到黏性。就像大家所知道的在質感上會有所不同。但不可思議的是，葡萄酒竟然能直接反應出土的質感。也就是說種植在砂地裡的葡萄所釀的葡萄酒口感「清爽」；而由黏土所孕育出的葡萄酒口感「黏稠」。

如果將這種差異換句話說，也就是流速快或是流速慢。

葡萄酒進入口中要喝下去的時後，是很快地就流下去，還是彷彿停留在口中的黏膜，然後才慢慢地流下呢？這就好像將水倒入砂和黏土裡，水在流動上有所不同是一樣的。

是砂土還是黏土，其實可以從葡萄酒的名字或產區做相當程度的判斷。例如義大利有名的葡萄酒巴巴瑞斯科（Barbaresco）和巴魯洛（Barolo），雖然彼此產區相鄰，而且都是用同一種葡萄釀造，但是就整體而言，巴巴瑞斯科是砂土；而巴魯洛則是黏土。即使在巴魯洛之中，西北部的拉夢羅酒莊（La Morra）算是砂土；而東南部的夢馥迪酒莊（Monforte d'Alba）則是屬於黏土範圍。如果是奇揚地（Chianti），則比薩（Pisa）周邊算是砂土；而翡冷翠（Firenze）周邊則屬於黏土。

如果是波爾多的話，聖朱利安、上梅鐸、波爾多布雷區（Blaye Côtes de Bordeaux）、佛朗莎、魯

有體驗過手拉坯的人可以試著回想當時的質感，應該是感覺黏黏稠稠的對吧！

薩克-聖特美隆西北部，以及柏美洛（Pomerol）西部屬於砂土。至於里斯塔克、波爾多卡斯提雍區（Castillon Côtes de Bordeaux）、布爾區（Côtes-de-bourg）、聖特美隆東部、柏美洛東部以及拉朗德-柏美洛（Lalande-de-Pomerol）東部則是黏土。

如果是勃根地，薩維尼-伯恩（Savigny-lès-beaune）、Ladoix（Ladoix）、夜-聖喬治（Nuits-saint-georges）北部是砂土；修瑞-伯恩（Chorey-lès-beaune）以及沃恩-羅曼尼（Vosne-Romanée）則是黏土。

如果葡萄園位在斜坡，大致上斜坡上是砂土，而斜坡下是黏土；這是因為顆粒細小的土會被水運到較遠的地方的緣故。因此，同樣是沃恩-羅曼尼村，海拔較高的克羅-帕朗圖（Cros-Parantoux）這個葡萄園是砂土；而位在下面的蘇秀（Suchots）則是黏土。

下次喝葡萄酒可以將產區的名字與葡萄園的土質、是砂土還是黏土與味道的口感做連結然後記下來。

口感「清爽」和口感「黏稠」推薦的葡萄酒

口感「黏稠」的代表

GRACE甲州　菱山畑 2013年

酒莊／廠：GRACE WINE（中央葡萄酒）
產地：日本／山梨／勝沼
葡萄品種：甲州（白）
建議售價（不含稅）：開放價格

由於是高海拔而冰冷的葡萄園，因此酸味強勁，香氣冷冽，口感相當分明。一般可能會認為這款葡萄酒嚐起來滿俐落的，但是俐落並不等於清爽。這一款的味道到後面會變得相當分明，就像裡面暗藏礦油般，有著相當穩重的礦物感。味道是屬於黏稠的口感。

口感「清爽」的代表

KIZAN白 2012年

酒莊／廠：機山洋酒工業
產地：日本／山梨／鹽山
葡萄品種：甲州（白）
建議售價（不含稅）：1,239日圓
*已售完，此為酒廠直銷價格

做為日本本土品種，相當受到歡迎的甲州葡萄。山梨縣正是生產的中心。這裡有著各種款式的甲州葡萄酒，而這一款是用位於鹽山的砂質葡萄園（摸起來沙沙的土）的葡萄直接釀造而成的葡萄酒，口感滑順輕柔，讓人感覺相當清爽，就像軟水滑過舌尖然後直接溜進喉嚨一樣。

口感「俐落」與口感「輕柔」，想喝喝看哪一種？

接著，讓我們再繼續質感的話題。不過現在所提的「俐落」和「輕柔」，雖然是在表達質感時會用的詞彙，但是在使用上，其性格與感覺上的差異則更為值得注意。

無尾的男仕晚禮服感覺「俐落」；喀什米爾毛衣感覺「輕柔」。百合及鳶尾花感覺「俐落」；波斯菊及罌粟感覺「輕柔」。像這樣相對的概念，都能夠用在各種事物上。西伯利亞哈士奇和馬爾濟斯，哪一個屬於「俐落」？青蘋果和白桃，哪一個屬於「輕柔」？我想每個人的感覺應該都不會差異太大。

「俐落」和「輕柔」也能用在時間上，例如秋天與春天；上午與下午。又例如摩登建築的高級法國餐廳以及和風建築的烏龍麵店，類似的例子不勝枚舉。

如果將「俐落」和「輕柔」這兩種相對的概念用其他的詞彙擴充，前者應該是冷色系、寒冷的、嚴厲的、直線的、意識集中的、正式的、公事的；而後者則是暖色系、溫暖的、溫柔的、曲線的、鬆弛的、非正式的、私人的。因此什麼時候適合哪一種口感，自然非常清楚。如果選錯了葡萄酒的口感，那麼難得的氣氛也將會全部泡湯。

不過雖然如此，一般對於口感「俐落」的葡萄酒大致上評價都還滿高的。理由非常簡單，這是因為傳統上被認為是優質或高級葡萄酒的，通常都是被用在王公貴族正式的宴會或是宗教行事上的葡萄酒。即使到了現代，對葡萄酒的評價基準也繼承了這項傳統。因此價格貴或是評價高的葡萄酒幾乎都是口感「俐落」的類型，而了解葡萄酒不徹底、似懂非懂的人則都陷入在這個陷阱裡了。

以我的觀點來看，「俐落」的葡萄酒適合俐落的時間、場合和氣氛；「輕柔」的葡萄酒適合輕柔的時間、場合和氣氛，兩者沒有誰特別好或特別壞！為了能夠正確地挑選並享受適合的葡萄酒，依照我們的生活常識和感覺才是最重要的。

如果將這2種味道以料理舉例

口感俐落的代表

- ☐ 烤肉（鹽和檸檬）
- ☐ 鹽烤香魚
- ☐ 河豚生魚片

等

口感輕柔的代表

- ☐ 魚肉山芋蒸餅
- ☐ 沙丁魚丸湯
- ☐ 鵝肝慕斯

等

了解葡萄酒 3

土地篇

「俐落」與「輕柔」＝葡萄園的土壤有沒有含石灰

如果土質說的是表土層，那麼這次要談的則是有關位於地底下岩石層的話題。

跟高中地理課教的一樣，地球的岩石根據形成的原因可分為沉積岩、火成岩以及變質岩。沉積岩是由砂、黏土以及其他碎屑沉積在水底或地表所形成的岩石；火成岩是由岩漿冷卻、凝固所造成的；而變質岩則是這些岩石經過高熱以及壓力等變質作用所形成的。

沉積岩又可分為砂岩、粉砂岩、泥岩、頁岩、泥灰岩和石灰岩等；火成岩可分為安山岩、玄武岩、流紋岩、斑岩和花崗岩等；變質岩則有石英岩、大理岩、板岩（也有人認為板岩是介於沉積岩與變質岩中間的岩石類型）、片岩和片麻岩等。

即使對地質學沒有興趣，在這些岩石種類當中，相信應該多多少少有聽過以上幾種岩石的名稱。為什麼會說這些岩石非常重要，那是因為由於這些位在葡萄園地底下的岩石的不同，因而讓葡萄酒孕育各種不同的味道。因此，只要上網搜索葡萄酒的相關資訊，或是看一下葡萄酒目錄和介紹，應該立刻就看到這些岩石名稱的出現。如果看到有出現花崗岩這個字，懂得葡萄酒的人應該大致能想像得到怎樣是花崗岩味道的葡萄酒。

如果是花崗岩味道的葡萄酒，則香氣甘甜，口感輕盈柔軟，味道雍容，酒芯則非常確實。花崗岩以外的火成岩，則大多的葡萄酒其重心會比較高，香氣暢快地往上穿透，酸味圓滑而活潑，質感非常細膩。

砂岩優雅而充滿果香，質感有點

粒粒分明。頁岩感覺溫暖並有著柔軟的緊密感。石英岩具備透明感，重心高，香氣新鮮清澈。片岩帶有穩健沉著的香氣。片麻岩則給人感覺像是粉狀的礦物，堅硬的酸味以及陰暗的性格等等。不過以上這些等將來有機會再談，現在先讓我們將焦點放在石灰身上。

含有「石灰」的葡萄園可以分為含有石灰成分並且結塊的石灰岩葡萄園，以及由石灰與黏土結塊的泥灰岩葡萄園。由這些葡萄園所產的葡萄酒，幾乎都是很有名的葡萄酒。這是由於歐洲很多的葡萄園，尤其是法國的葡萄園的土壤大多都含有石灰的緣故。

各位有沒有喝過香檳區、夏布利（Chablis）、勃根地或是松塞爾所產的葡萄酒呢？如果有，那麼請試著回想當時的口感是「俐落」還是「輕柔」？沒錯，這些全部都是口感「俐落」的代表。總之，「俐落」也可說是由石灰所孕育出的口感。

當然或許有人會有疑問，認為夏布利或香檳區所形成的「俐落」口感會不會是因為是夏多內這種品種或者是因為葡萄園位在高緯度（也就是氣溫低）的關係。那麼，就讓我們來比較看看同品種、同產地但是分別由含石灰以及不含石灰的葡萄園所釀造出的兩種口感不同的葡萄酒吧！以阿爾薩斯所產的雷斯林（Riesling）葡萄酒為例，含石灰的福斯圖登特級園（Grand Cru

在日本各地可見的鐘乳石洞，別名也稱做石灰岩洞，是由石灰所形成的。

Furstentum）與不含石灰（花崗岩）的修羅斯堡特級園（Grand Cru Schlossberg），這兩個莊園雖然互相比鄰，但是很明顯的前者所產的葡萄酒屬於口感「俐落」；而後者屬於口感「輕柔」。

硯台是由黏板岩，石臼是由安山岩或花崗岩，而城牆是由花崗岩或玄武岩所做成。

石灰岩或泥灰岩都是由在陰暗海底的生物遺骸所堆積而成的沉積岩。喝了含有石灰的土壤所釀造的葡萄酒，會給人一種冷色系的印象，像是被拉進冷水裡而使人頭腦冷靜。味道呈直線的、四角的，特別是酸味強勁彷彿滲透了整個舌頭。與之相比，幾乎全部不含石灰的岩石所產的葡萄酒，口感會比較圓潤，酸味溫和感覺殘留在舌表，或是留在上顎，不像石灰岩那樣滲入舌頭般而給人相當緊繃的感覺。

因此，如果想要喝感覺「俐落」的葡萄酒的話，應該要找跟詢問的，首先是「葡萄園有沒有含石灰」。

口感「俐落」和口感「輕柔」推薦的葡萄酒

口感「俐落」的代表

Grand Cru Riesling Furstentum 2012年

酒莊／廠：Albert Mann
產地：法國／阿爾薩斯
葡萄品種：雷斯林（白）
建議售價（不含稅）：6,300日圓
進口商：Mottox

阿爾薩斯的葡萄園依不同年代的不同岩層而有所區分。福斯圖登葡萄園是屬於侏儸紀時期的石灰岩層。由於香氣華麗飛舞，因此給人的第一印是相當「輕柔」，但值得注意的則是後味那相當緊繃，能讓人明顯感受到的酸味以及非常舒服的硬質和有稜有角的感覺。

口感「輕柔」的代表

Riesling Grand Cru Schlossberg 2009年

酒莊／廠：Paul Blanck
產地：法國／阿爾薩斯
葡萄品種：雷斯林（白）
建議售價（不含稅）：5,500日圓
進口商：Arcane

就在靠近福斯圖登葡萄園的西側，修羅斯堡莊園位於綿延的山丘坡面上。葡萄的品種同樣都是雷斯林，且兩個葡萄園的氣溫或是降雨量都不會差太多，但是在味道的呈現上，這一款給人的印象則比較圓潤而香氣溫暖，後味的酸度溫和，不會有滲透舌內的刺激感。

味道「淡薄」與味道「濃郁」，想喝喝看哪一種？

購買以歐美標準而評分高的葡萄酒，大概都是味道「濃郁」的葡萄酒居多，色澤深邃且味道醇厚。這是因為他們認為像這樣的葡萄酒才算優質的緣故。

例如讓我們看看法國或義大利的葡萄酒等級劃分。等級高與等級低的葡萄酒，在葡萄的法定最大收穫量上並不相同：等級高的收穫量少。讓葡萄樹只結一點點果實與讓葡萄樹結很多果實，前者會成為感覺更成熟、酒精濃度更高的葡萄酒，同時味道也會更濃郁。

那麼，只有「濃郁」的葡萄酒才叫做好嗎？這怎麼可能。如果有想要味道濃郁的時候，那麼也會有想要味道淡薄的時候。就像我在這本書中一直不斷提到的，應該用平行的角度來看待兩種相對概念的味道，而非以垂直的角度來區非好壞高下。

名古屋的味噌烏龍麵味道濃郁；而京都的炸豆腐皮烏龍麵味道淡薄。四川的擔擔麵味道濃郁；而廣東的雞肉麵味道淡薄。壽喜燒的味道濃郁；而橘醋涮涮鍋的味道淡薄。「濃郁」和「淡薄」都是我們平常會用的說法，因此不會有產生誤解的情形。而上述相對的兩種味道各有各的優點，不同的地方也只在於這樣的味道與當下的氣氛搭不搭配罷了。

葡萄酒也一樣。請試著想像在炎熱的盛夏，感覺昏昏沉沉，十分疲倦的時候。如果因為悶熱難耐而想要吃點清淡的東西，這時應該比較

如果將這2種味道以料理舉例

味道濃郁的代表

- ☐ 咖哩
- ☐ 糖醋豬肉
- ☐ 漢堡肉（牛肉醬）

等

味道淡薄的代表

- ☐ 湯豆腐
- ☐ 白斬雞
- ☐ 沙鮻天婦羅

等

適合搭配味道淡薄的葡萄酒吧！相反地，如果想要有足夠的力氣來克服夏天，而想吃些比較紮實的東西的話，這時應該會比較適合味道濃郁的葡萄酒。不用特別考慮與料理搭不搭配也知道，冷豆腐適合味道淡薄的葡萄酒，而泡菜火鍋則適合味道濃郁的葡萄。

不過話說回來，依照等級不同而分成的「濃郁」與「淡薄」，不僅僅只是因為味道濃郁或淡薄而已。等級高的葡萄酒，味道不只濃郁，複雜性更高，餘韻也更為深長。那麼如果想要「淡薄」的味道但並非只有淡薄，那又該如何呢？在此要注意的是降雨量的多寡。讓我們接著繼續說明這個部分吧！

了解葡萄酒 4

氣候篇

「濃郁」與「淡薄」＝雨少或是雨多

形成葡萄酒味道濃郁還是淡薄的要素，就是一開始所提到的葡萄酒的4根支柱，也就是土地因素、人工因素、葡萄品種因素，然後是氣候因素。

例如排水良好的葡萄園所產的葡萄酒，會比容易積水的葡萄園所產的葡萄酒味道還要濃郁*1。此外，由於肥沃度低的土地所產的葡萄會比肥沃度高*2的土地更小更少，因此所產的葡萄酒味道也會更加濃郁。

由卡本內蘇維翁或希哈那樣果實小而果皮厚的葡萄品種所產的葡萄酒，會比由格那希或是梅洛那樣果實大而果皮薄的葡萄品種所產的葡萄酒味道還要更濃郁。

讓一株樹只結4串果實所釀造的葡萄酒，會比結10串果實所釀造的葡萄酒味道還要濃郁。讓果實發酵1個月所釀造的葡萄酒，會比發酵一週所釀造的葡萄酒味道還要濃郁。

不過，關於味道的濃淡這一項，在這裡想要特別提的則是氣候因素。同個莊園的同一種葡萄，雨量少的話則葡萄的顆粒就會變小，所含的水份也會變得比較少，因此所釀造出來的葡萄酒味道會比較濃郁。如果是葡萄的休眠期，即使雨量多也不會受影響；但是如果是在生長期間，特別是收穫前雨量變多的話，那麼就會讓葡萄酒的味道變得淡薄。

各位或許有聽過vintage這一個詞。這個字雖然指的是葡萄採收的年份，但往往是以「好的年份」、「壞的年份」的形式來討論好壞高下。像是「因為2005年是很好的年份，所以比較貴」、或是「因為

＊1　排水佳的葡萄園，水份在葡萄的根部吸收前就已經流掉，導致葡萄無法充分含水，味道會因此變得濃郁。

＊2　土地如果肥沃度高，葡萄可以健康地成長茁壯，因而果實碩大，結的葡萄串也多，味道則會變得淡薄。

日本是多雨的國家，但日本的葡萄酒廠非常努力地希望能釀造出味道濃郁的葡萄酒。

這個年份是好的年份，所以很好喝」等這樣的表現方式，不只是葡萄酒專家，連一般的愛好者之間也都經常使用。

用來表示年份好壞的，有一種叫年份表的東西常貼在葡萄酒專賣店或是用小卡的形式發送。我們在餐廳或在專賣店裡，應該經常會看到一些半調子的葡萄酒通在年份表裡挑分數高的年份的葡萄酒來喝。我每次只要看到年份表，總會覺得這真是百害而無一利的東西。能解讀年份表的人其實不需要年份表，而不了解年份表意義的人則會相當依賴年份表。

與年份好壞有著密切關係的是雨量的多寡。整體來說，通常雨量少的年份會被認為是比較好的年份，也就是說雨量少的年份等於味道濃郁的葡萄酒。但是，味道濃郁就一定是好的味道嗎？

要搭配味道強烈的料理等需要味道濃郁的葡萄酒的時後，就買雨量少的年份所產的葡萄酒。要搭配味道清淡的料理而需要味道淡薄的葡萄酒時，就買雨量多的年份所產的葡萄酒，如此而已，非常簡單明瞭。但是半調子的葡萄酒通卻經常有想要選購「好的年份」的傾向，照著年份表自信滿滿地購買評分高的年份所生產的葡萄酒。如果用這樣的葡萄酒拿來搭配味道清淡的鮮魚鍋會如何呢？那應該會徹底地毀了料理的味道，接著舌頭稍微敏銳的人會說「這葡萄酒真難喝，好浪費錢」，然後以此收場吧！其實這也就是為什麼葡萄酒的消費一直無法成長的原因。

像加州那樣雨量少的產區，有時會需要實施人工給水灌溉。

以左頁所顯示的教皇新堡地區（Châteauneuf-du-Pape）為例，雨量相對較少的年份為２００７年、２００９年、２０１１年和２０１２年。雨量較多的年份是２００８年、２０１０年和２０１３年。這些資料只要上網搜尋降雨量就能找到，或者看一下許多人寫的年份報告也能了解。此外，建議不妨也可以直接向店員詢問看看。

味道「淡薄」與味道「濃郁」推薦的葡萄酒

味道「淡薄」的代表

Châteauneuf-du-Pape
2008年

酒莊／廠：Château La Nerthe
產地：法國／隆河區
葡萄品種：格那希，希哈，莫維多，仙梭，其它（紅）
建議售價（不含稅）：5,600日圓
進口商：Berry Bros & Rudd 日本分店

位於葡萄園附近的奧朗日市，在這一年的降雨量非常多，有1122毫米。但是如果認為雨量多等於潮溼、果實無法熟透，味道難喝，那你就錯了。事實上，這一年份的葡萄也是相當成熟，味道十分柔軟輕盈。用好的角度來看，也算是能夠了解什麼叫做味道「淡薄」。

味道「濃郁」的代表

Châteauneuf-du-Pape
2009年

酒莊／廠：Château La Nerthe
產地：法國／隆河區
葡萄品種：格那希，希哈，莫維多，仙梭，其它（紅）
建議售價（不含稅）：參考商品
進口商：Berry Bros & Rudd 日本分店

年雨量為649毫米，大約只有前一年的一半。從冬天到春天的降雨雖多，但由於土中本身含水的關係因而沒有讓葡萄受到太大的壓力。葡萄進入變色期之後天氣開始變熱，一直到收穫期都是好天氣。以農家來說，這可說是完全不需要操心的好年。這一款雖然相當濃郁，但是濃而不膩。

味道「酸」與味道「不酸」，想喝喝看哪一種？

吃新品種的蘋果或梨子的時後，會不會覺得吃起來都是甜甜的而酸味少？咖啡好像也是以前的味道會比較酸一點。最近的日本人似乎不太喜歡酸味。因此，味道「酸」與味道「不酸」很難像「俐落」、「輕柔」那樣給人感覺是中立詞，現在「酸」這個字好像已經含有負面意思了。

不過當然，「酸」味還是具有可以讓人感到清爽舒暢的效果。檸檬茶和奶茶的酸度不同，夏天想要清爽舒暢的時後，會想喝檸檬茶；而冬天則應該會想喝奶茶吧！葡萄酒也可以像這樣來分開選擇。此外，酸的料理適合搭配味道酸的葡萄酒；不酸的料理則適合搭配味道不酸的葡萄酒。

「酸」與「不酸」，其實包含著許多複雜的因素。和其他我們日常比較熟悉用來搭配食物的飲料如啤酒、日本酒或綠茶等，葡萄酒的味道更酸。以pH值來說，葡萄酒約3・5，日本酒或啤酒約4・5，綠茶則有6點多。

因此，喜歡葡萄酒的人或是因為喜歡葡萄酒而從事相關工作的人會喜歡酸味，然後稱自己是「葡萄酒迷」，並宣稱「葡萄酒是酸的！」。這是因為他們經常買賣葡萄酒，大量接觸的葡萄酒的結果，自然會覺得葡萄酒以酸為居多。

由此便與原本單純的嗜好脫鉤了。其實本來大部份日本料理的味道都不會酸，不只是傳統的日本料理，試著嚐一嚐並比較看看義大利

如果將這2種味道以料理舉例

味道酸的代表

- ☐ 醋漬鯵魚
- ☐ 鮮魚火鍋（橘醋醬油）
- ☐ 羊奶酪

等

味道不酸的代表

- ☐ 牛排
- ☐ 串燒
- ☐ 燉菜拼盤

等

和日本的番茄醬、法國和日本的燉牛肉，都會發現日本的味道都不會太酸，而味道酸的葡萄酒其實並不適合搭配味道不酸的料理。

因此，實際在挑選葡萄酒以搭配日本料理的時候，可以改成問店員「味道不會太酸的」或是「味道一點都不酸的」等，將可提高選到好喝的葡萄酒的正確率。

味道「酸」與味道「不酸」＝涼爽的年份或是炎熱的年份

酸味也和前面提到的一樣，與葡萄酒的4根支柱都有所關連。

首先讓我們來看看土地因素。如果以地理、地型的因素來看，緯度高的地方會比緯度低的地方的氣溫還要來得低，因此味道會變得比較酸。海拔高的地方會比海拔低的地方的氣溫還要來得低，特別是夜裡的氣溫會更低，因此味道也會變得比較酸。向北的葡萄園會比向南的葡萄園（北半球的話）的味道還要更酸。

至於主要的土壤因素則是先前所說的石灰：含有石灰則味道會變酸。這種酸與其說是酸度或PH值等那種科學數字所顯示的酸值，倒不如說是讓人覺得刺刺的那種感受上的酸。如果是砂和黏土，則由黏土所生產的葡萄酒味道會較酸。這是由於黏土含水量比砂還要高，因此溫度會比較低的關係。也就是說葡萄的根部如果受冷，味道就會變酸。

葡萄品種也是導致味道會酸的因素之一。卡本內蘇維翁、夏多內、雷斯林或是希哈會比嘉美、灰皮諾、格那希或是維歐尼耶的味道要來得酸。如果是紅酒，即使酸度相同，造成澀感的單寧如果含量多，則味道會比單寧含量少的在感覺上要來得更酸。

至於人工因素，最大的影響是採收期的早晚。採收早則味道較酸，採收晚則味道比較不酸。以德國為例，即使是同一個莊園的同一種雷斯林所產的葡萄酒，早收的卡比內（Kabinett）味道酸，而晚摘的奧斯樂斯（Auslese）則比較不酸。在奧地利味道很酸且相當知名的粉紅酒（Vin rosé）「西舍爾（Schilcher）」，與其說是葡萄品種本身很酸的關係，倒不如說是因為採收得早而讓味道變酸所致。

假設前面所說的條件都一樣，也就是說如果都是同一款葡萄酒的話，則決定味道酸或不酸的關鍵會是氣候因素。年份不同，天氣也會或涼或熱。涼爽的年份味道酸，炎熱的年份則味道不酸。此外，如果是因開花期延遲而導致採收延後，那麼該年份的味道也會變得比較酸。這是由於如果8月底就採收的話，氣溫還不至於下降很多，但是如果等到9月底才採收，那麼氣溫已經變得相當寒冷的緣故。

以勃根地近年來的氣溫為例，年均溫（第戎市）超過11℃的年份是2007年、2009年、2011年和2012年；低於11℃的是2008年、2010年和2013年。前者所生產的葡萄酒的味道確實不怎麼酸，而後者的味道則還滿酸的。

炎熱的年份通常雨量較少，因此所釀造出來的葡萄酒通常酸度低但味道濃郁，而這就是典型「好年（great vintage）」所具有的特性。

2009年就是這樣的年份。不過，從客觀的角度看日本料理，味道是不是很多都不酸而且輕淡呢？也就是說，在氣溫高但生長期間會降雨的年份所形成的味道，其實才是

像青蘋果或紅玉頻果那樣酸酸的滋味，也能在東北或北海道等寒冷的地方形成。

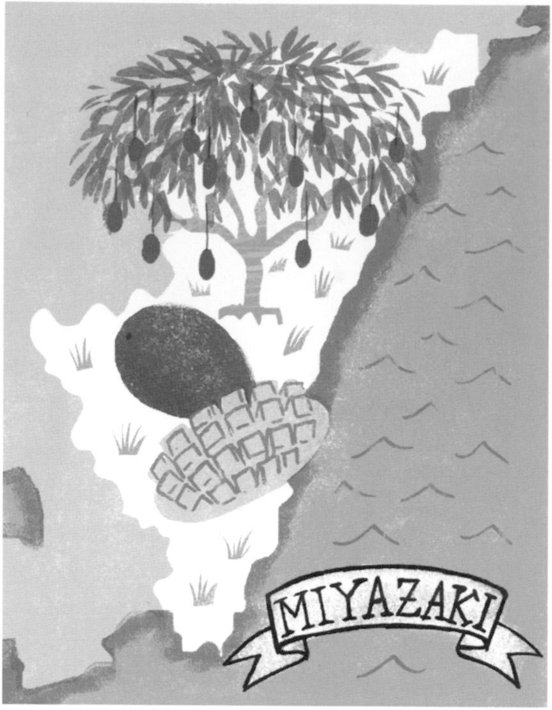

相反地，在九州南部或是沖繩等溫暖的地方所生長的葡萄則酸味沉穩且帶有甜味。

日本最適合的味道，而２００７年和２０１１年都屬於是像這樣的年份。

不過，像這樣的年份在世界上的評價其實都不會太高，因此並不受到那些只會盲從依賴歐美評論家所打出來的分數，或是只按照年份表來挑選葡萄酒的人的青睞。想喝味道不酸而濃郁的葡萄酒就挑２００９年；想喝味道不酸且淡薄的葡萄酒就挑２００７年或２０１１年；想喝味道酸且濃郁的葡萄酒就挑２０１０年，想喝味道酸而淡薄的就挑２００８年，如此而已，一直去想哪個年份產的葡萄酒比較好，實在是沒有多大意義。大自然的變化每年都不相同，只要我們能夠坦率地面對這些差異，享受這些不同的個性就可以了。

味道「酸」與味道「不酸」推薦的葡萄酒

味道不酸的代表

Zeppwingert Riesling 2011年

酒莊／廠：Weingut Immich-Batterieberg
產地：德國／摩澤爾
葡萄品種：雷斯林（白）
建議售價（不含稅）：參考商品
進口商：Wine Curation （京橋wine）

2011年產的葡萄酒。該年年均溫為11.4℃（威斯巴登市），是氣溫偏高的一年。此外，由於春季較熱而提早開花，因此採收的時期也比較早，也就是說是在天氣還不會太寒冷的時候採收的，因為在那期間也一直都是好天氣，所以味道給人感覺更加溫暖。酸味本身似乎帶著黏性，是味道相當明亮的葡萄酒。

味道酸的代表

Zeppwingert Riesling 2010年

酒莊／廠：Weingut Immich-Batterieberg
產地：德國／摩澤爾
葡萄品種：雷斯林（白）
建議售價（不含稅）：參考商品
進口商：Wine Curation （京橋wine）

2010年產的葡萄酒。這年份的德國葡萄酒是典型的酸味代表。整年氣溫偏低，如威斯巴登市（Wiesbaden）當年平均溫度只有9.6℃。從夏季一直到秋季氣候均十分涼爽，採收時期較晚，而收成前又受到乾燥的冷風吹送讓酸度更為凝結。收成極少而味道濃郁，酸味的強度不會讓人感到不快。

澀味與沒有澀味，想喝喝看哪一種？

澀味是屬於大人的味道，我們幾乎沒有聽過有小孩會喜歡澀味。不需要回想吃到澀柿或是栗子皮的感覺也能知道，澀味比較像是會讓人感到不快的刺激。當問到喜歡澀味與沒有澀味哪一種味道時，任誰應該都會回答後者吧！

因此剛開始喝葡萄酒的人大多會喜歡喝「沒有澀味」的白酒，等到喝習慣了以後，則會開始喜歡上帶有澀味的紅酒。我在大學授課，對象是剛成年的大學生，而他們大多數的人都不喜歡紅酒的澀味。因為我已經喝紅酒很多年了，所以對這樣的反應感到有些意外。甚至該說我反而覺得這種澀味的刺激其實還滿舒服的，總覺得可以讓人頭腦清醒。因此，想要精神暢快的時候適合澀味，想要輕鬆自在的時候則適合沒有澀味。

具有澀味特徵的代表是茶。在西式料理餐廳，茶都是最後才上。透過茶的澀味，能洗去料理或是甜點的味道，進而減少餐後的飽滿感。一開始就會上茶的則是壽司店。吃壽司如果喝的是水不是茶的話，魚的脂肪會殘留在舌頭上而使味蕾變得遲鈍，同時也會讓人感到非常不舒服。茶的澀味可以保持味蕾的敏銳。

因此，和茶一樣都有澀味的葡萄酒也能達到相同的作用。吃完油膩的中華料理或是烤肉後，可以喝喝看帶有「澀味」的葡萄酒做為餐後酒；或者在壽司店，可以將紅酒做為餐間酒而非佐餐酒，也就是說在壽司與壽司的空檔喝紅酒看看，你將會驚覺紅酒在清除口中殘留的味道上有著極大的效果。

以葡萄酒做為佐餐酒時，如果覺得料理太過油膩，那麼可以喝有「澀味」的葡萄酒；如果覺得料理不油膩，或是想要享受脂肪本身的美味（例如鵝肝等），這時後則適合喝「沒有澀味」的葡萄酒。只喝葡萄酒的時候，不要立刻覺得「澀味＝不好喝」，可以試著想想看這種澀味有沒有什麼優點。

適合這2種味道的料理

適合澀味的

- □ 紅毛和牛肋眼牛排
- □ 烤雞翅
- □ 燉牛腩

等

適合沒有澀味的

- □ 黑毛和牛菲力牛排
- □ 烤雞胸肉
- □ 燉牛腿肉

等

了解葡萄酒
6
人工篇

「澀味」與「沒有澀味」＝是否有萃取單寧

在葡萄的品種當中，本來就有澀味較重與澀味較輕的品種。例如卡本內蘇維翁或是莫維多、薩格蘭蒂諾（Sagrantino）、藍法蘭基許（Blaufränkisch）以及山葡萄等的澀味較重；而嘉美或是仙梭、蘿瑟絲（Rossese）、瑪若蕾（Mayolet）或金粉黛（Zinfandel）等則澀味較輕。

形成澀味的來源是一種稱為單寧的物質。由於葡萄的果皮、葡萄籽以及茶葉當中都含有這種物質，因此紅酒（將葡萄皮、葡萄籽與葡萄汁一起發酵的葡萄酒）與茶的味道都有澀味。

在泡茶時如果要讓茶湯有澀味，可以用熱開水將茶葉長時間浸泡，並且將茶葉與熱水攪拌。相反地，如果想要茶湯沒有澀味，那麼就用低溫開水將茶葉稍微浸泡一下，不搖晃茶壺而靜靜地把茶倒出來。這種時候，我們自然都會知道怎樣的澀味才是剛剛好的。配煎餅喝的茶與配羊羹喝的茶，想必當然是後者的茶應該要更澀一點才比較適合。

葡萄酒也是一樣。如果都是同一種葡萄，則澀味與溫度、時間、攪拌的頻率及強度這3項因素成正比。雖然粉紅酒和紅酒都是用同一種葡萄，但粉紅酒的味道卻不澀，這是由於在釀造時，只將果皮與葡萄籽做短時間的低溫浸泡，然後就將葡萄汁流出、發酵的緣故。

基本上，即使是有澀味的紅酒，那也是用人為意志來調整這3項因素而決定出澀味程度的。32℃發酵的葡萄酒要比24℃的葡萄酒味道更澀；浸泡1個月的葡萄酒要比1個

請想像一下泡紅茶或綠茶的時候：如果泡的時間短，則茶的顏色較淡，且幾乎不會感覺到澀味。

禮拜就將葡萄酒流出的味道更澀；1天攪拌2次的葡萄酒要比不攪拌的葡萄酒味道更澀。因此，「澀」與「不澀」其實是人工因素所造成的。

味道要多澀才是對的？像這樣的討論其實是沒有意義的。在喝葡萄酒時，任何人都比較偏向單獨喝起來剛剛好（也就是不要太澀的）就好的葡萄酒，但若只是這樣那也太短視了。配飯一起喝的茶和配甜糕點一起喝的茶，所適合的澀味都不會相同，請將這樣的概念放在腦海裡吧！

那麼，如果不喝看看，是不是就無法得知葡萄酒究竟會不會澀呢？其實這倒也未必。

有人說想要喝味道不澀的葡萄酒，那麼可以挑葡萄品種不澀的葡萄酒。不過我們會發現到卡本內蘇維翁、卡本內弗朗（Cabernet Franc）、梅洛、馬爾貝克（Malbec）和小維鐸（Petit Verdot）等所謂的波爾多品種全部都是屬於味道「澀」的品種。希哈或是莫維多也是味道偏澀。奈比歐露（Nebbiolo）以及山吉歐維西（Sangiovese）也是如此。也就是說，做為高級葡萄酒或是知名的葡萄酒原料的主要品種，基本上味道都是澀的。會變成這樣，那是因為一般的人認為單寧的多寡與品質好壞成正比所致。

就某種意義上，這是個讓人感到

困擾的想法。不過就現實面而言，要能找到「沒有澀味」的葡萄酒，對初學者來說也確實不是件相當容易的事。

但是如果我們試著倒過來想，因為澀味的高低和價格通常會成正比，所以如果買同一個品種但價格比較便宜的葡萄酒，那麼通常澀味會比較淡。

相反地，泡的時間一長，不但顏色較深，而且能確實地感覺到澀味。

從生產者的網頁或是進口商的資料以取得具體數據，這個方法會更精確，這是因為通常都還能查得到發酵的溫度和時間。

此外，各位也可以記住「早飲」和「陳釀」這兩個詞，或是直接向店裡詢問。所謂「早飲」類型的葡萄酒，通常味道比較「不澀」；而「陳釀」則通常丹寧成份會較多，因此可以長期熟成。

用燈泡照瓶子看看顏色，也可以推測出葡萄酒的澀味程度。大致上，顏色淡的味道比較不澀，這和茶是一樣的。如果有萃取大量丹寧，則顏色會變得深濃。

「澀味」與「沒有澀味」推薦的葡萄酒

沒有澀味的代表

Deco Rosato 2013年

酒莊／廠：Clara Marcelli
產地：義大利／馬給（Marche）
葡萄品種：：蒙特布查諾（Montepulciano）（粉紅）
建議售價（不含稅）：2,800日圓
進口商：BMO

和紅酒是同一個酒莊、同一片土地、同一種葡萄品種的粉紅酒。因為只有稍微接觸到果皮和種籽，所以幾乎沒有澀味。酸度也相當柔軟，充滿果味。不會因為丹寧少而讓葡萄酒變得索然無味。味道的骨架是由礦物感所建立的，真不愧是自然有機的葡萄酒。

澀味的代表

K'un 2011年

酒莊／廠：Clara Marcelli
產地：義大利／馬給（Marche）
葡萄品種：蒙特布查諾（Montepulciano）（紅）
建議售價（不含稅）：3,400日圓
進口商：BMO

雖然強勁，但是亦感覺圓潤而讓人容易親近：由蒙特布查諾葡萄所釀造的葡萄酒。離亞得里亞海只有8公里的水邊性質，加上因為是有機栽培，因此不會有令人不快的澀味或者是感覺粗蠻的苦味。浸皮（Maceration）*約兩週左右。讓人知道什麼才是優質丹寧所帶來的澀味。

*隨著葡萄在酒槽裡進行發酵，葡萄皮和葡萄籽裡的多酚成分釋放混入葡萄汁裡的現象。

「橡木桶風味」和「沒有橡木桶風味」，想喝喝看哪一種？

發酵後的葡萄酒，通常會經過所謂熟成的過程，接著裝瓶然後到我們的手裡。如果熟成是在橡木桶裡進行，那麼我們常聽到的橡木桶風味就會溶入於葡萄酒之中。

就目前的觀察所得到的結果而言，對葡萄酒完全是初學者的人並不喜歡這種「橡木桶風味」。他們好像比較喜歡那種完全由果實本身直接變成酒的葡萄酒；而橡木桶裡頭含有丹寧，因此會讓葡萄酒的味道變澀。如同前面所說的一樣，會覺得澀味舒服、感到喜歡的人，多半是因為他們已經習慣了這種味道，或是因為他們能理解這種澀味所帶來的好處。

已經喝了很多葡萄酒的中級者通常會最喜歡這種「橡木桶風味」。這或許是因為他們已經注意到澀感的魅力也不一定；另一個原因可能是因為在接觸到高級葡萄酒達到了某種程度之後，體驗到了這些在橡木桶裡熟成、或是發酵並熟成的葡萄酒幾乎都有「橡木桶風味」，因此在腦海中很自然地就將「橡木桶風味」與高級葡萄酒、高品質葡萄酒單純地劃上等號吧！我只要在店裡聽到像這樣的人說：「請給我有橡木桶氣味的波爾多葡萄酒」，我的心裡總會感到五味雜陳，然後只想逃離現場。

真正的葡萄酒通或是專家其實會把「橡木桶風味」當做是一種輕蔑的詞來使用，認為「橡木桶風味」其實更像是一種缺陷。他們既知道橡木桶和葡萄酒真正的品質並沒有直接關係，也知道真正了不起的葡萄酒即使在橡木桶裡熟成，也不會與橡木桶的氣味完全融合而形成具有「橡木桶風味」的味道。

不過在這裡，想要從與料理搭配的角度，用比較正向的意義來看待「橡木桶風味」。所謂的橡木桶風味，指的是能感覺到由木頭烤焦的甜味所帶來的風味，而橡木桶的這種風味會有如盔甲般覆蓋在葡萄酒味道的四周一樣。因此，「橡木桶風味」的葡萄酒適合煙燻肉、或是用木材烤然後讓外面有點焦焦的肉、以及外面的味道比裡面還要重的料理。任何一種味道，全部都能發揮得恰如其份。不論是喜歡橡木桶的中級者還是討厭橡木桶的高級者，都必須用更高的角度以及中立的立場來看待「橡木桶風味」。

適合這 2 種味道的料理

適合橡木桶風味的

- ☐ 用木柴烤的帶骨牛排
- ☐ 煙燻培根
- ☐ 高溫牛油炸豬排（醬味）

等

適合沒有橡木桶風味的

- ☐ 法式牛肉蔬菜鍋
- ☐ 燙豬肉
- ☐ 低溫豬油炸豬排（鹽味）

等

了解葡萄酒 7

人工篇

「橡木桶風味」和「沒有橡木桶風味」＝葡萄酒是否在橡木桶裡熟成

將葡萄酒置於橡木桶的理由並非是為了要讓葡萄酒帶有橡木桶的味道，這是副產物而非主要目的。

所謂的木桶，原本並非是用來當作熟成用的容器，而是主要用來當做搬運的工具。據說在古代的美索不達米亞就已經出現木桶了，而現代木桶的原型則是由兩千多年前塞爾特人（Celts）所發明的。這是自西元3世紀起，由羅馬帝國也開始使用而逐漸普及。在此之前，羅馬人所使用的容器大多是雙耳陶瓷瓶（amphora），不但沉重而且容易破裂，在搬運上相當不方便；與之相比，木桶在各方面都更為優異：不但氣密性和耐久性良好，並且因其獨特的造型，使得僅憑一人之力也能夠推滾移動幾百公斤重的木桶。由於這個優點，2千多年以來直到現在，再也沒有發明出任何比木桶還要再更好的容器。

放在橡木桶裡存放一段時間的葡萄酒，會比剛發酵後的葡萄酒具備不同且更複雜的風味。這是因為橡木桶是由具有透氣性的木材所打造的，透過持續地供給葡萄酒非常微量的氧氣而產生複雜的化學反應，因而形成新的香氣，讓質地感覺出厚度，使丹寧柔軟並穩定了酸度。橡木桶的意義在於，透過氣密性與透氣性兩者奇蹟似般的完美平衡，讓葡萄酒能夠產生好的化學反應。不過，這個特色其實與「橡木桶風味」並無關聯。德國或是阿爾薩斯的白酒很多都是在橡木桶裡發酵、熟成的，但是喝這些葡萄酒時，任何人都不會說具有「橡木桶風味」，而是應該頂多只會覺得「有複雜性」或是「有豐富的厚度」吧！

一般所謂的帶有「橡木桶風味」，並不是全部的木桶都能形成的，只能是由橡木做成的小木桶（容量225公升的波爾多式橡木桶稱做Barrique；容量228公升的勃根地式橡木桶則稱做Piéce），並且是一次也沒使用過的全新橡木桶才行。

在製作橡木桶時，會將木板彎成弓形。如果試圖直接把木板折彎，那麼只會將它折斷。所以一般會在內側用火輕烤加熱讓木板彎曲，也因此橡木桶的內側會有烤焦的現象。如果將葡萄酒倒入之後，那種味道便會轉移到葡萄酒身上。因此，所謂的「橡木桶風味」，最單純地來說，其實指的是橡木烤焦的香氣與味道。

品質不太好的橡木桶確實能直接感覺到木頭烤焦的氣味。但是最高級的全新法國橡木桶（由特朗賽或是阿利埃河產的老橡木放置3年自然風乾，並用低溫小火慢烤的橡木桶）則有巧克力、咖啡、香草、丁香、藍莓醬、蜜棗、義大利香醋、醬油、伍斯特醬或是碳烤帶骨牛肉的香氣，渾然天成，讓人想直接吃下去般的陶醉芬芳。

也就是說，品質好的橡木桶並非是讓葡萄酒有「橡木桶風味」，而是能達到彷彿

知名昂貴的葡萄酒大多都是使用全新高級的橡木桶並且長時間熟成。

將肉類料理與葡萄酒以及甜點一起吃進嘴裡般的效果。

雖然這樣味道會滿不錯的，但是這種用全新橡木桶產生的特殊風味在最近則有不受歡迎的傾向。這是由於越來越多人都共同地認為，葡萄酒的味道本質以及原本的複雜性理所當然就應該要是來自土地、氣候和葡萄品種，也就是應該是自然形成，而非之後才添加上去的。於是像以前羅馬帝國那樣用陶壺發酵、熟成、遵照這樣的流程製作葡萄酒的方式又開始逐漸受到了注意。去除橡木桶風味，只活用橡木桶本身能夠帶來的附加效果則是目前的主流。因此，使用舊桶而非新桶，或是盡可能減少與橡木桶的接觸面積而使用大容量的橡木桶等，在許多地方都特別下了功夫。葡萄酒其實也是每天都在進步的。

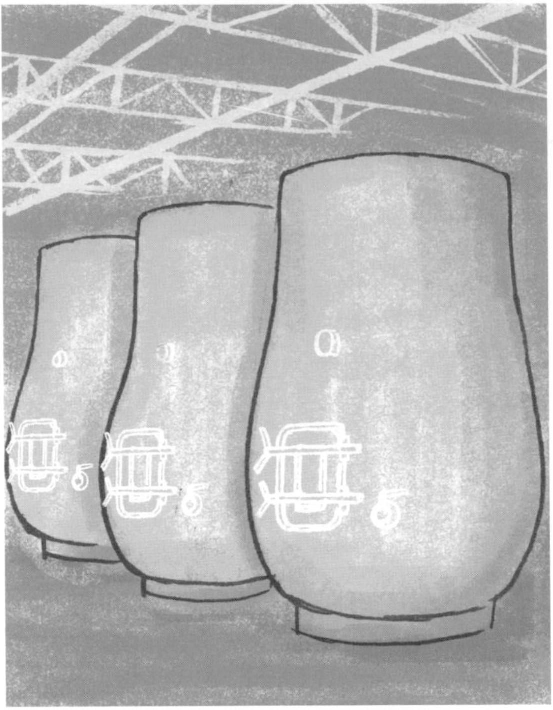

琺琅、不銹鋼、水泥以及瓶子等都曾被試來當作發酵、保存的容器。

「橡木桶風味」和
「沒有橡木桶風味」推薦的葡萄酒

沒有橡木桶風味的代表

Mer Soleil Silver Unoaked Chardonnay 2012年

酒莊／廠：Mer Soleil（Wagner Family of Wine）
產地：美國／加州／蒙特利／聖路西亞高地
葡萄品種：夏多內（白）
建議售價（不含稅）：3,950日圓
進口商：Wine In Style

雖然和Mer Soleil的生產者、栽種的土地與葡萄品種都相同，但是釀造方法不同，是在不銹鋼桶與水泥桶裡發酵、熟成。許多人認為橡木桶發酵＝口感柔軟，不銹鋼桶發酵＝口感銳利；但這款葡萄酒的口感卻是相當柔軟細緻，這是由於夏多內葡萄酒口感本來就相當豐富與滑順的緣故。

橡木桶風味的代表

Mer Soleil Reserve Chardonnay 2012年

酒莊／廠：Mer Soleil（Wagner Family of Wine）
產地：美國／加州／蒙特利／聖路西亞高地
葡萄品種：夏多內（白）
建議售價（不含稅）：5,200日圓
進口商：Wine In Style

在法國橡木桶的小桶內發酵，約1年熟成，是加州夏多內葡萄酒的典型風格之一。和勃根地的夏多內白酒都是同一種製法，但因為葡萄園靠近大西洋，讓葡萄酒的基本味道呈現圓潤而輕柔，因此更能顯現出與之不同的橡木桶個性。

葡萄酒原來如此專欄①

試著品嚐並且比較同一款葡萄酒看看

盡可能地避免掉會妨礙品嚐葡萄酒的東西吧！

電腦、手機、家電以及直接照明等會發出電磁波的東西，對葡萄酒會帶來相當程度的不良影響。盡可能地避免這些裝置，是享受美味葡萄酒的秘訣。

選擇適當的時間與地點

葡萄酒的味道與月亮的圓缺變化有關。在新月的時候味道堅澀陰暗，味道不好。可以的話，在月亮開始要變圓，然後一直到滿月的這段期間來品嚐葡萄酒吧！你將會感覺到葡萄酒的味道完全地甦醒了過來。

在網路能找得到一種叫生物動態日曆（Biodynamic Calendar）的東西，在App也有。這種日曆將日子分成花、果、葉、根4種類型。在花的日子裡品嚐葡萄酒，香氣高且輕快；果的日子則是甜腴豐潤；葉的日子帶有草本的緊繃；根的日子則通常帶有土味，味道苦澀且陰暗。因此推薦在前面兩種日子裡品嚐比較好。

關於飲用的地點，首先應當要遠離高耗電的東西、大型金屬製品以及有電力配線的地方。最好也能避免電燈光源會從正上方直射的位置。落地燈等間接照明會比天花板的崁燈要來得好。切掉電路斷路器後再品嚐葡萄酒看看，你將會了解電力所帶來的害處。

面向原產地的方向喝葡萄酒也很重要。澳洲的話是面向南方，加州則是面向東方飲用。方向如果搞錯，味道會變得苦澀而難以順口；方向如果正確，則能感受產地氛圍，使人覺得輕鬆自在。因此如果是餐廳的座位，應該要選擇面向正確方向的椅子來坐。

盤著腿喝，則味道混濁，有壓扁的感覺；站著喝則暢流無阻地直接滲入體內。坐在硬的椅子上喝味道堅硬；坐在軟的椅子上喝則味道柔軟。脫下鞋子（特別是橡膠底）喝則能增加活力感。

葡萄酒並不是從酒窖取出來然後開瓶就好。首先，應該要先撕

試著撕下背面酒標吧！

下背面酒標。對葡萄酒而言，除了寫在正面酒標上的產地、葡萄酒名稱、品種、年份以及酒莊名稱等基本資料，其他以外的部份可以不要，但如果正面酒標只有圖案或是這些資料是寫在背面酒標的話，則請保留住這個部份。

政府或是組織的管理號碼以及認證（VDP標誌或是有機標章）、生產流通管理上的必要裝置（條碼或是防盜貼紙），以及將葡萄酒數位化的部份（酒精濃度以及容量）等，這些全部都會讓葡萄酒的味道變嗆、變弱、或是變得索然無味。飲酒過量有礙健康等固定警語也可以除去。最近歐盟所生產的葡萄酒，可以看見標示著懷孕婦女的影子被劃上斜線的剪影圖案，這讓人覺得似乎有否定懷孕婦女的意味。像這些帶有管理、限制、壓抑以及否定等意涵的文字和標示都可以全部去掉。

接著除掉瓶口的封籤，用手將每個部位小心地用肥皂洗乾淨，然後用毛巾（不是抹布！）把瓶子擦亮。之後再到外面用手將瓶子舉起，使陽光能夠照射得到。就像我們早上起床、洗澡然後外出一樣。如此一來將能去除葡萄酒的苦澀和雜味，使能量可以自然地流露出來。雖然對著葡萄酒唱歌或是跳舞也有效果，但是省略不做也沒有關係。最後，對著酒瓶說聲請多指教。面對葡萄酒，可以像人一樣地對待。

記得也注意一下瓶子與杯子的擺放位置吧！金屬桌子雖然是例外，但是木頭桌子則會有些問題。因為木紋是水平橫躺的關係，如果將葡萄酒放在上面，形狀會變橫長而無法直立然後使味道變得模糊，因此，可以在桌子

撕掉背面酒標也需要一些訣竅

用利刃相向，葡萄酒會緊張和萎縮。請避免在準備要飲用前用刀子剔除酒標。可以將酒標弄濕後再用指甲刮掉，只要沒辦法讀上面的文字或記號就行了。

試著用各種器皿喝看看

與瓶子和杯子中間放個盤子。

選擇葡萄酒杯並沒有一定的規則。哪一個好，這和每個人當時的心情以及搭配的料理都有關係。本來喝葡萄酒就不一定非得用葡萄酒杯不可。像我自己就很喜歡倒在手掌裡品嚐，感覺這樣是最自然的。不過就現實面來說，這樣的喝法確實不太方便，因此在平常的時候，白酒就用磁杯，紅酒則用陶杯來喝，讓人覺得刺刺的稜角消失，展現出厚度和強度，並增加往體內的滲透力。用碗來喝也十分愜意，味道飽滿甘甜，讓人相當喜歡。從正上方看有點歪斜的比較好，杯身呈直線、杯口往內、杯底呈水平的則不推薦。日本是生產世界上最好的器皿的大國，如果能不拘泥於目前主流的西式做法，試著重新檢視日本固有的傳統文化，那麼葡萄酒將能更貼近我們的生活。

用茶杯喝的好處是葡萄酒與自己的手指能夠透過薄薄的杯壁互相接觸交流。如果是普通的葡萄酒杯，握著杯身的部位是最好的。如果握的是杯腳，則重心偏上，味道嚐起來會讓人感覺冷淡而有距離感。在飲用之前，可以先倒少量的葡萄酒讓酒杯適應。倒葡萄酒時，應該要沿著邊緣向下流入般地斟酒，不要讓瓶子直接觸碰杯子，並避免給葡萄酒多餘的震動。

酒杯A　酒杯B　磁杯　陶杯

Hint_2

基本篇②

個性迥異的10個角色。
你喜歡的是哪一個類型？

用喜歡的角色來挑選葡萄酒

人和葡萄都是地球上的生物，因此一定有其共同點。
形容在人身上的詞彙也同樣能夠用來描述葡萄。
葡萄，以及所製造出的葡萄酒，全部都是我們的一份子。
各自理解各自的性格，將能過著幸福快樂的日子。

就像每個人都有各自的個性
葡萄也有各種不同的性格

將葡萄壓碎倒入容器裡，接著冒出泡泡並開始發酵，然後變成了葡萄酒（原理上是如此！）。葡萄酒是由葡萄所做出來的酒，因此也實實在在地繼承了做為原料的葡萄其本身的個性。

世界上有幾千種的葡萄。就像巨峰與麝香葡萄的味道不同，每個品種的味道也都不一樣，因此所釀造出來的葡萄酒的味道也就相當的多彩多姿。哪種葡萄所釀造出的葡萄酒適合用於哪種目的飲用，在挑選上其實非常的困難。為了能更容易了解，讓我們將葡萄的品種以更有用的方式來加以分類吧！

所謂的品種分類，一般是以系統學、農業學、釀造學和地質學做探討，就像用醫學、社會學和政治學等的角度將人分類一樣。但是，所謂的分類也並非只能如此。在日常生活當中，我們經常會玩一些還滿管用的方法來將人做一些分類，譬如依照血型或星座的性格分類等。

葡萄其實也能依性格來做分類。但這個時候則是依照喝葡萄酒時的不同動機，也就是著重在喜好者的立場來考慮葡萄的性格，而非以品種本身（遺傳因子類型等）的差異做分類基準。

依此為例，我們在喝葡萄酒時的心情可以分成「暢快俐落」和「溫和放鬆」這兩種類型，適合這些不同心情的葡萄性格則可以分成「俐落女」和「隨和男」這兩類。讓我們試著將這兩種類型分別配上五種葡萄品種看看吧！

分成兩種性格的十個主要品種之特色

5種隨和男的品種

【格那希 Grenache】

住在地中海沿岸，很會照顧人的大叔。酒精濃度高，酸度低以及具有溫暖的果實味。沉著平穩，讓人安心。

【灰皮諾 Pinot Gris】

土質的香氣，渾厚的質感，圓潤的果實，低酸度的洗練口感值得信賴。有著溫暖的味道。

【嘉美 Gamay】

具有魅力的草莓香氣和甘甜，帶著木訥的質感。不會讓人感到壓迫，相當具有親和力。不踰矩的成熟大人。

【黑皮諾 Pinot Noir】

帶著危險的香氣，十分有吸引力的品種。在勃根地大致都呈現「俐落」的性格，但是到了別的土地上則顯現出原本輕鬆隨和的感覺。

【夏多內 Chardonnay】

聲音總是很大，最懂得如何與人交往，大方的存在感。個性樂觀、相當易懂。

5種俐落女的品種

【卡本內蘇維翁 Cabernet Sauvignon】

不論何時何地，總是能不迷失自我，有著堅固、直線且紮實的味道。強烈的單寧與酸味，迫使人能集中意識。

【雷斯林 Riesling】

優雅的香氣、低酒精濃度與甘美所營造出如童話般的味道。但是甜美的背後則是不見底的深度和嚴峻，相當強烈的對比。

【蜜思嘉 Muscat】

由非常華麗的香氣和精巧的魅力所包圍，酸度強、質感緊密，硬質結構的暢快口味。

【白蘇維翁 Sauvignon Blanc】

青草般粗澀清涼的香氣、酸度強勁與垂直延伸的味道。不管在哪都是表裡一致，總是能讓人感受到光明的認真性格。

【希哈 Syrah】

色澤深邃而氣味辛香，時常因為狂野的香氣而讓人忽略了其纖細的性格。總是保持著姿態而群離索居。

絕對保持優雅
相當愛惜自己的優等生

卡本內蘇維翁

Cabernet Sauvignon

在各地都非常地受歡迎，只要提到紅酒，首先想到的一定是這個品種。雖然在全世界都有廣泛的栽種，但原本是來自法國波爾多的吉隆特河左岸的品種。各位或許有聽過拉斐酒堡或是瑪歌等非常昂貴的葡萄酒名，這些葡萄酒的主要品種就是卡本內蘇維翁。由於是波爾多這個傳統上被用來劃分世界高級葡萄酒市場的產區（然後是和波爾多有著非常深的歷史淵源的英國），因此一般都會將高級葡萄酒、波爾多和卡本內蘇維翁這3者劃上等號。

色澤濃郁，有著強勁的丹寧和酸味。由於果皮厚，因此即使下雨也不容易傷到果實；在各種土地上都能積極且確實地發育成長，真的就像圖上所描繪的優等生一樣。對釀造者來說，可能會是讓人感到慶幸的存在，但對飲用者來說，這絕對不是親切友善的性格。冷冽的草本香氣，剛硬、不妥協的澀感與酸味，入口後味道立即直衝，彷彿睥睨一切般的威嚴與風格。體態精實而修長。表現相當出色，不愧是真正的「俐落女」。

卡本內蘇維翁小姐是這樣的人

適合的顏色 ：
深藍色

髮型 ：
中長直髮

身材 ：
纖瘦 有點高

性格 ：
班長性格

比喻 ：
黃金獵犬

其他 ：
強悍的臉

年齡 ：
37、8歲左右

Cabernet Sauvignon 2005年

酒莊／廠：SMITH-MADRONE
產地：美國／加州／納帕山谷（Napa Valley）
葡萄品種：卡本內蘇維翁 ，其他（紅）
建議售價（不含稅）：7,000日圓
進口商：DEPT PLANNING

納帕山谷的西側山上，在滿是岩石的葡萄園用無灌溉的方式而生長出充滿韌性的葡萄。在喝下的瞬間，其堅定的信念，會讓人有種想致敬的感覺。

Casa Del Cerro Cabernet Sauvignon 2012年

酒莊／廠：VIÑA MARTY（DYONISOS WINES）
產地：智利／中央谷地（Central Valley）
葡萄品種：卡本內蘇維翁（紅）
建議售價（不含稅）：2,200日圓
進口商：21 Community

果實味相當豐富的智利葡萄酒。高海拔、涼爽的葡萄園，讓這款葡萄酒同時兼具垂直而牢固的感覺，包裹在超高的技巧裡的整然有序的味道。

Châteauneuf Latour 1990年

產地：法國／波爾多／梅鐸／波雅克（Pauillac）
葡萄品種：卡本內蘇維翁為主體、梅洛、卡本內弗朗、小維鐸（紅）
參考商品

這個品種在原產地波爾多之中更顯意志堅定；不柔弱，給人一種井然有序的絕對安心感。堂堂正正而充滿知性的俐落感。

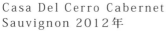

雷斯林小姐是這樣的人

適合的顏色：
灰色

髮型：
直髮

身材：
細瘦 中等身高

性格：
俄羅斯的奧林匹克選手

比喻：
黑貓

其他：
強悍的臉

年齡：
47、8歲左右

十分順口的另一面
是追求真理的認真與嚴肅

雷斯林 Riesling

德國的品種。怎麼看也確實是很德國。只要聞到那靜謐且高雅的香氣，就讓人想起當年巴伐利亞王國的路德維希二世所夢想的地上樂園，彷彿陷入在慕尼黑的寧芬堡裡所拍攝的「去年在馬倫巴」這部電影的場景，然後迷失在沒有出口的夢裡一樣。此外，雖說大多數的雷斯林的口感較強，但其他還有甘甜、酒精濃度低等表現，因此會給人有如可愛童話般的葡萄酒的感覺。

不過，其實那只是第一印象。確實地喝下去之後，便能開始感受到由鐵血宰相俾斯麥所率領的強大軍事王國普魯士般的嚴酷。讓我們來試著回憶俾斯麥曾說過的名言吧，那就是：「我想勸告年輕人的只有三句話可以概括，那就是工作、更認真工作、工作到底」。啊～真讓人感到害怕，相當的肉食吧！

雷斯林透過鋼鐵般堅硬的礦物感為中心，直線而銳利，是和「規律訓練」這個字相當契合的味道。底子深厚、意志堅強。即使進入延長賽也一樣能保持體力而在世界盃中獲得勝利。這並不是只有嘴巴上說的厲害但實際上外強中乾的葡萄酒，而是讓人十分憧憬，具有領導力的「俐落女」。

STEINER HUND RIESLING RESERVE 2009年

酒莊／廠：NIKOLAIHOF
產地：奧地利／下奧地利州（Niederösterreich）／克雷姆斯谷（Kremstal）
葡萄品種：雷斯林（白）
建議售價（不含稅）：7,900日圓
進口商：FWINES

緊貼在多瑙河溪谷其垂直陡峭岩石山上的葡萄園與流進來的冷空氣。在這個地方的雷斯林，讓品種本身帶有的嚴峻感更加強烈，緊張感更加緊繃。

Kung Fu Girl Riesling 2013年

酒莊／廠：Charles Smith Wines
產地：美國／華盛頓州／哥倫比亞谷地（Columbia Valley）
葡萄品種：雷斯林（白）
建議售價（不含稅）：2,400日圓
進口商：ORCA International

請不要被酒標看似有趣的風格給騙了。在華盛頓州更冷的葡萄園裡，由嚴謹認真的酒莊所釀造出味道相當緊繃銳利的葡萄酒。

Watervale Springvale Riesling 2012年

酒莊／廠：Grosset
產地：澳洲／克萊爾谷地（Clare Valley）
葡萄品種：雷斯林（白）
建議售價（不含稅）：4,200日圓
進口商：Village Cellars

如果覺得炎熱慵懶那就錯了。雷斯林是俐落女，凝縮度高卻不會感到沉重。骨架垂直與體態精實，表現十分精彩。

全部的品種當中最有華麗香氣
與緊繃細緻的滋味

蜜思嘉 Muscat

和經常能看到的麝香葡萄是屬於同一個家族。不過和顆粒大、主要是拿來食用的麝香葡萄不同，釀造用的蜜思嘉是屬於顆粒比較小的葡萄品種。

這個據說是世上最古老的品種，在全世界各地都有。在法國稱為蜜思嘉（Muscat）；在義大利稱為莫斯卡多（Moscato）；在德國以及匈牙利則是被稱之為慕斯卡特拉（Muskateller）。麝香葡萄有非常多種，但在這裡所要提的性格，主要表現在法國常見的麝香葡萄—小粒種白麝香葡萄（Muscat Blanc à Petits Grains）的身上。

做為氣味芳香品種的蜜思嘉，食用時的香氣與做成葡萄酒的香氣是一樣的，擁有麝香葡萄才有的獨特華麗香氣，個性相當優雅。正因為這種香氣讓人迷眩而容易誤以為蜜思嘉勉強來說只是靠魅力取勝罷了。

不過如果喝了蜜思嘉，會有頭腦比下半身還要清醒的涼快口感。因為順口所以容易上當；實際上蜜思嘉的酸味相當緊繃，並有著修長的身軀和強壯的骨骼。在此值得特別提的是那極為細緻，絲毫不馬虎的質感。像這種整然有序的個性，絕對是「俐落女」。

蜜思嘉小姐是這樣的人

適合的顏色 ：
黃色

髮型 ：
中長捲髮

身材 ：
纖瘦 嬌小

性格 ：
喜歡數學 天才型人物 性格孤傲

比喻 ：
約克夏

其他 ：
可愛

年齡 ：
青少女

MUSCAT RESERVE 2012年

酒莊／廠：TRIMBACH
產地：法國／阿爾薩斯
葡萄品種：蜜思嘉（白）
建議售價（不含稅）：3,200日圓
進口商：NIPPON LIQUOR

原本屬於是地中海的品種，如果是種在北方的阿爾薩斯便會成為更加突出的俐落女。此外，在甜美輕盈的背後則是直挺的骨骼和細膩的質感。

Muscat Sec De Kelibia Premier Cru 2012年

酒莊／廠：Union Central des Coopératives Viticoles
產地：突尼西亞／克里比亞（Kelibia）
葡萄品種：蜜思嘉（白）
建議售價（不含稅）：1,300日圓
進口商：M&P

既然是更南邊的非洲大陸，那麼不就應該是放鬆隨和的感覺嗎？不對不對，這一款的酸味細膩而酒體緊實，感覺相當暢快。

Papa Provençal IGP d'Oc Muscat Sec 2013年

產地：法國／隆格多克-魯西雍
葡萄品種：蜜思嘉（白）
建議售價（不含稅）：1,700日圓
進口商：The Vine

眼前就是地中海，充滿燦爛陽光的砂質葡萄園，因此味道相當開朗而柔順清爽，但是一經過蛻變則會轉化成緊密細緻而更加充滿知性。

涼快的香氣與滋味
絕對不會搞錯的個性

白蘇維翁

Sauvignon Blanc

擁有相當明確的個性，就算是不看酒標，只要一喝就可以知道這個葡萄酒的葡萄品種是白蘇維翁。

有黑加崙芽、醋栗、萊姆、薄荷和香芹甚至是貓尿般刺激的香氣。酸味堅硬強勁，味道呈現直線、緊繃的細輪廓線。雖然是強調自我的葡萄種類，但是絕非自大或是粗暴，在任何國家和任何土地上，不論口味是濃是淡，都能確實地表現出個性，是相當坦誠實在的好人。

目前全世界都有栽種白蘇維翁，但最原始是來自羅亞爾河谷地和波爾多的品種。此外，白蘇維翁也是卡本內蘇維翁的母親。因為在波爾多大多都會與榭密雍（勉強算是隨和男品種）混釀，並經常在橡木桶裡發酵，所以或許會讓人不太容易感受到品種的個性。但如果是在羅亞爾河谷地，則品種單一，土地既在山邊，氣候也很涼爽，再加上葡萄園含有石灰，因此能夠讓「銳利」的性格倍增。

不過即使如此，白蘇維翁卻沒有給人有任何陰暗或是嚴肅的感覺，個性完全顯露在外表。非常適合用來社交或白天時喝的葡萄酒。

白蘇維翁小姐是這樣的人

適合的顏色：
粉綠色

髮型：
短髮

身材：
中等身材

性格：
社交家　八面玲瓏

比喻：
柴犬

其他：
有著強勢銳利的眼睛

年齡：
27、8歲左右

SANCERRE 2013年

酒莊／廠：Pascal Jolivet
產地：法國／羅亞爾河谷地
葡萄品種：白蘇維翁（白）
建議售價（不含稅）：3,800日圓
進口商：ENOTECA

由這個品種的代表產區松塞爾（SANCERRE）所釀造的白蘇維翁沒有青草的香氣和苦澀，同時也沒有嗆鼻的酸味，反而帶有花香的魅力。不過認真確實的感覺則是不變。

SAUVIGNON 2011年

酒莊／廠：OBERMOSER
產地：義大利／上阿迪傑（Alto Adige）（Südtirol）
葡萄品種：白蘇維翁（白）
建議售價（不含稅）：4,500日圓
進口商：MINATO WINE IMPORT

來自義大利北方的阿爾卑斯山麓。山邊的味道加強了這個品種的垂直印象，香氣和酸味雖然柔軟，礦石感卻表現出了銳利。

Frog's Leap Sauvignon Blanc 2013年

酒莊／廠：Frog's Leap
產地：美國／加州／納帕山谷（Napa Valley）／拉瑟福德區（Rutherford）
葡萄品種：白蘇維翁（白）
建議售價（不含稅）：3,900日圓
進口商：La Languedociennek.k.

酒莊的名稱（青蛙跳）聽起來十分有趣。無灌溉的有機栽培方法，讓味道俐落精實，呈現相當精彩的垂直性。

常被誤認為是爽朗的大姐
其實是容易受傷的纖細女子

希哈 Syrah

希哈總是被誤解：強壯、滿滿的果實味、充滿力量、辛辣刺激且狂野等等。所以最適合在夏天和朋友配著烤肉或肋排大口大口地喝的是希哈？別開玩笑了！

希哈是隆河北部的原生品種。隆河北部不在南法，既不熱也不乾燥。雖然是位於法國，但是希哈卻被歸為是地中海的品種。被種植在炎熱地中海的希哈，經常受到密斯*脫拉風的侵襲而折斷樹枝、或是忍受不了缺水而枯萎等。雖然真的是很孱弱又令人同情的孩子，但是誰都不這樣覺得。

這或許是因為大家對澳洲的希哈印象實在太深刻了。澳洲希哈所產的葡萄酒，確實很多酒精濃度高而且又充滿力量，但是那只能算是澳洲葡萄酒的特色之一罷了，並不是希哈真正的個性。

希哈是色澤濃郁，香氣和丹寧強勁，酸度也很高的品種，但是在性格上卻是非常認真而纖細。不太能夠與他人融合，只要和其他種類混合便會立刻顯得非常突兀。不擅於開玩笑，怎麼看都是「俐落女」。如果能夠以這樣角度來理解並與之相處，你將會被她的誠實和品格所深深打動。

希哈小姐是這樣的人

適合的顏色 ：
紅色

髮型 ：
短髮

身材 ：
中等稍高的身材

性格 ：
看似堅強，實則纖細

比喻 ：
長毛貓

其他 ：
有著光滑的臉孔

年齡 ：
33、34歲左右

＊密斯脫拉風（Mistral）是一種在法國地中海隆河谷地從北向南吹的乾冷強風

Crozes Hermitage Rouge Les Meysonniers 2011年

酒莊／廠：M.Chapoutier
產地：法國／隆河區
葡萄品種：希哈（紅）
建議售價（不含稅）：3,800日圓
進口商：NIPPON LIQUOR

希哈的原產地—北隆河區。在這裡，也有像是克羅茲-艾米達吉（Crozes Hermitage）那樣纖細輕盈，感覺相當流暢的俐落女。

Peninsula Shiraz 2012年

酒莊／廠：Paringa Estate
產地：澳洲／維多利亞州／摩寧頓半島（Mornington Peninsula）
葡萄品種：Shilaz（希拉茲，即希哈）（紅）
建議售價（不含稅）：3,600日圓
進口商：Vai & company

希哈在更冷的產區其銳利的性格會全開。清涼的草本和紅色果實的香氣，搭配著暢快的酸味和有高度的重心，非常精彩。

Cotes De Provence Rouge 2012年

酒莊／廠：CHATEAU DES VINGTINIERES
產地：法國／普羅旺斯
葡萄品種：希哈為主體，格那希（紅）
建議售價（不含稅）：2,480日圓
進口商：Azuma Corporation

混合少許的格那希讓味道帶有果味，但基本上是感覺纖細、涼快然後充滿知性。希哈那重心在上的個性則是不變。

格那希先生是這樣的人

適合的顏色：
紅褐色

髮型：
微長

身材：
肉肉的

性格：
心胸寬大

比喻：
Land Rover*

其他：
樸實微笑的臉

年齡：
40幾歲

容易相處，不需讓人多心
有著體貼和高雅的包容力

格那希 Grenache

如果「俐落女」是有稜有角又涇渭分明，那麼「隨和男」則是不黑白分明，沉穩而讓人感到相當舒服的性格。對於曬衣服時襪子必須要在同一邊，或是打開冰箱卻發現調味料瓶的標籤沒有全部朝正面而會不悅的人，最初大概都會對「隨和男」感到很不耐煩吧！然而，即使面對這樣的人，格那希應該也還是臉色不變，一樣保持著親切溫和的態度吧！

葡萄酒非常讓人覺得不可思議，即使實際的溫度都一樣，但是有的總會讓人覺得冰冷，有的則會讓人感到溫暖，這即是性格上的溫度。即使是朝北的葡萄園也好、涼爽的年份也好、位於山上的石灰質葡萄園也好，格那希也不會讓人覺得冰冷。內心覺得寒冷時可以品嚐格那希，覺得寂寞時也可以品嚐格那希。任何人，都會有需要格那希的時候。

格那希是從西班牙傳到法國的品種。和希哈完全相反，不但耐強風、且能忍受乾燥，即使沒有支撐也能憑自己的力量生長發育（像這樣的品種很少）。葡萄的顆粒大，丹寧與酸度低，但是酒精濃度卻蠻高的。不軟弱，意志堅定，屬於好人的「隨和男」。

＊Land Rover：作為英系休旅車的代表，象徵著渾厚、穩定與高機能性。

La Passion Grenache， VDP des Côtes Catalanes 2012年

酒莊／廠：Cave La Toutavelloise
產地：法國／隆格多克-魯西雍
葡萄品種：格那希（紅）
建議售價（不含稅）：1,350日圓
進口商：Diony

往好的方向來看是不強調自我色彩，簡單的釀造如實地傳達出品種個性上的優點。充滿由溫暖氣候與非石灰質土壤所帶來的鬆軟感和安心感。

LAS ROCAS GARNACHA 2010年

酒莊／廠：BODEGAS SAN ALEJANDRO
產地：西班牙／卡拉塔尤德（Calatayud）
葡萄品種：格那希（紅）
建議售價（不含稅）：3,456日圓
進口商：21 Community

葡萄園的海拔非常高而且土壤屬石灰質，因此最初會感覺味道相當分明而冷冽，但後味卻能感受到鬆軟親近和撒嬌依賴，相當的具有隨和男的特色。

Old Vine Grenache 1850 2009年

酒莊／廠：Cirillo Estate
產地：澳洲／南澳洲／巴羅莎谷地
葡萄品種：格那希（紅）
建議售價（不含稅）：8,000日圓
進口商：Vai & company

1850年種植的超級老藤。原以為味道會像是成精一般的深邃幽玄，雖然感覺有點陰暗，口感卻意外地簡單易懂，相當直率。

不拘小節
腳踏實地的安心感

灰皮諾 Pinot Gris

原生於勃根地的品種。是黑葡萄的黑皮諾的變種，果皮的顏色變淡，而成為了顏色介於白與黑中間的葡萄，比較像是顏色稍微再濃一點的白葡萄。傳統上和黑皮諾混合種植於葡萄園，雖然一直是默默地擔任態度倨傲的黑皮諾的輔助角色，但這幾年受到故鄉的放逐，反而在義大利、美國、德國和阿爾薩斯逐漸開枝散葉。

總覺得立場有些微妙。像這樣苦過來的人，對別人總有顆體貼的心。和格那希一樣，絕對感受不到冰冷的味道，是比起理性更訴諸感性的葡萄酒。

香氣不會特別濃郁，比較像是帶著土味、煙燻味、土柿子、木梨或是帶皮橘子醬般的厚重香氣。質地粗糙的味道，和蜜思嘉那水嫩滑潤、新鮮清澈的質感完全相反。酸度低、酒精濃度高、重心低，在德語系的葡萄酒中則會讓它的味道再甜一點。感覺很適合穿著雪特蘭羊毛衫配著燈芯絨褲，圍著火爐邊喝邊說些溫馨的故事。是個相當沉穩的隨和男。

灰皮諾先生是這樣的人

適合的顏色：
褐色

髮型：
休閒、普通

身材：
稍微肉壯

性格：
誠實、正直

比喻：
兩人座小貨車

其他：
深思熟慮的初老

年齡：
50幾歲

Pinot Gris 2012年

酒莊／廠：Domaine Albert Boxler
產地：法國／阿爾薩斯
葡萄品種：灰皮諾（白）
建議售價（不含稅）：4,800日圓
進口商：橫濱軍嶋屋

如同酒標給人的印象一樣，漂著田園閒適風情般的葡萄酒。褐色般的沉穩香氣，口中的緩慢流動，口感的柔順圓潤以及口感間的絕妙間隙慢慢地流露出溫和放鬆的感覺。

Dessimis Pinot Grigio 2012年

酒莊／廠：Vie di Romans
產地：義大利／弗留利（Friuli）／伊松佐（Isonzo）
葡萄品種：Pinot Grigio（即灰皮諾）（白）
建議售價（不含稅）：5,200日圓
進口商：Mottox

清澈的第一印象讓人有銳利的感覺（？），但隨即富有彈性的厚實果味與柔軟的酸味蓋住了口中的後半部，讓人覺得放鬆隨和。

Cloudline Oregon Pinot Gris 2010年

酒莊／廠：Cloudline Cellars
產地：美國／俄勒岡州／威　美特谷地（Willamette Valley）
葡萄品種：灰皮諾（白）
建議售價（不含稅）：2,764日圓
進口商：三國 Wine

溫柔的香氣和圓潤的果實味淡淡地升起，但底下則是粗糙質感的礦石味，營造出相當安定的感覺。

即使受欺負也能夠堅忍不拔
一直不忘保持著純真

嘉美 Gamay

這也是勃根地的原生種。但是造就這片土地繁榮的勃根地公國的菲利浦大膽公爵卻於1935年頒佈「禁止種植嘉美的命令」。說嘉美邪惡、不忠，因為對人世間有害，所以要加以破壞殆盡。這真是殘忍啊！

想必這是因為這位公爵覺得黑皮諾才是高貴的品種，由黑皮諾所釀出的葡萄酒在政治和經濟上的價值比較高的緣故吧！的確，黑皮諾確實是香氣高雅，清晰涼快，質地流暢、優美，丹寧和酸度也很堅實，氣宇軒昂，而餘韻悠長，是非常精彩的葡萄酒。但是，如果世上都是像那樣子的人，那麼未免也太無趣了不是嗎？

香氣有點粗糙卻很溫暖不行嗎？質地鬆軟而味道樸素不行嗎？雖然感覺小一點、餘韻短一點，但好喝的東西就是好喝不是嗎？

嘉美現今以做為勃根地南方的薄酒萊區的品種而聞名於世。如大家所知，薄酒萊所產的葡萄酒因為果味豐富，喝起來輕鬆而在餐桌上受到許多人的喜愛。嘉美在性格上比所想的還要認真；雖然感覺有點陰暗，但是絕對不會緊繃，個性相當溫柔。安分守己且不踰矩，是個可以讓人安心的對象。

嘉美先生是這樣的人

適合的顏色 ：
灰色

髮型 ：
短髮

身材 ：
體格中等　個子較小

性格 ：
好人、稍微過於認真

比喻 ：
BMW前身所推的MINI

其他 ：
自省的、有點陰暗

年齡 ：
23、24歲左右

FLEURIE 2011年

酒莊／廠：GEORGES DUBOEUF
產地：法國／勃根地／薄酒萊
葡萄品種：嘉美（紅）
建議售價（不含稅）：2,531日圓
進口商：SUNTORY HOLDINGS LIMITED

彷彿沒有任何雜念而將可愛的果實味直接地表現出來，有如抱著柔軟蓬鬆的棉花，完全展現出嘉美魅力的葡萄酒。

GAMAY SANS TRALALA 2012年

酒莊／廠：Domaine de la Garrelière
產地：法國／羅亞爾河谷地／都漢區（Touraine）
葡萄品種：嘉美（紅）
建議售價（不含稅）：2,600日圓
進口商：ORVEARUX

最初感覺到的是薄荷清涼的香氣而會誤以為性格是不是會很銳利，但接著卻能感受到果實味輕輕柔柔地散開。

Bass Phillip Gamey 2009年

酒莊／廠：Bass Phillip
產地：澳洲／維多利亞州／南吉普斯蘭（South Gippsland）
葡萄品種：嘉美（紅）
建議售價（不含稅）：6,800日圓
進口商：Vai & company

因為葡萄園很靠近海，所以味道相當圓潤滑順。雖然是凝縮度非常高的葡萄酒，但透過適當的間隙，表現出放鬆悠閒的嘉美特色。

黑皮諾先生是這樣的人

適合的顏色 ：
藍色

髮型 ：
整齊短髮

身材 ：
稍瘦

性格 ：
美男子

比喻 ：
法拉利

其他 ：
非常有魅力的帥哥，個性看起來好像有點壞壞的

年齡 ：
33、4歲左右

雖然在銀幕上極為高雅尊貴，但是實際上卻意外地相當親近迷人

黑皮諾 Pinot Noir

把黑皮諾放在隨和男類型，或許有人聽到會說「真的假的!?」而驚訝地說不出話來，也或者可能有人會認為「那是你不懂吧！」而覺得生氣。這是由於一般大家會覺得黑皮諾是世上最尊貴、最優美，絕對看不到缺陷，位於世界頂端的品種的緣故。

確實在勃根地，黑皮諾會用高貴、優雅、壯麗、威嚴、最高級等形容詞來讚美，如同在嘉美時所提到的性格一樣。就像如果是喝了等級最高的特級園*（Grand Cru）Clos de Bèze所產的葡萄酒，任誰也不會覺得這是「隨和男」的類型。

不過，黑皮諾其實並非只專屬於勃根地，目前在美國的栽種面積也已經十分廣大。在美國，黑皮諾和卡本內蘇維翁完全相反，被認為是丹寧少而口感滑潤的葡萄酒。事實上，不光是加州和俄勒岡州，在德國、義大利、奧地利還有澳洲等地，黑皮諾就算是雍容、高尚以及華麗，但絕對不會嚴峻或是高不可攀。雖然只有勃根地是例外，但就品種而言，黑皮諾理所當然是班級人氣王，但不溫柔的「隨和男」。

＊勃根地的葡萄園分成4種等級，最高級為特級園（Grand Cru），產量只佔全勃根地的2%不到。其中，Clos de Bèze是最早受到肯定的葡萄園，因而被認為是特級園當中的佼佼者。

Organic Pinot Noir 2012年

酒莊／廠：Cono Sur
產地：智利／克卡瓜谷地（Colchagua Valley）
葡萄品種：黑皮諾（紅）
建議售價（不含稅）：1,150日圓
進口商：SMILE

花崗岩風化成砂的葡萄園與受惠於太陽所形成的輕盈感，加上有機栽培而加強純淨感和溫和感的黑皮諾。

Spätburgunder "S" Trocken 2011年

酒莊／廠：Weingut Gysler
產地：德國／萊茵黑森（Rheinhessen）
葡萄品種：Spätburgunder（即黑皮諾）（紅）
建議售價（不含稅）：3,580日圓
進口商：Wine Curation　（京橋wine）

德國正是黑皮諾的大本營。淡薄的顏色、鬆軟的香氣、水平逐漸散開的味道與充滿溫暖的後味，在在都讓人感到舒服。

PINOT NOIR CARNEROS 2011年

酒莊／廠：SCHUG CARNEROS ESTATE WINERY
產地：美國／加州／卡內羅斯（Carneros）
葡萄品種：黑皮諾（紅）
建議售價（不含稅）：4,600日圓
進口商：中川 WINE

由德裔生產者所釀造出具有德式沉著閒適的黑皮諾。因為是簡單的萃取，所以能夠直接清楚地感受到來自加州水邊的明朗性格。

夏多內先生是這樣的人

適合的顏色：
橘色

髮型：
長髮

身材：
粗曠強壯

性格：
鋒芒畢露　善於交際

比喻：
梅賽德斯 - 賓士

其他：
輪廓立體，五官明顯

年齡：
33、34歲左右

在哪都會成功
簡單易懂的魄力

夏多內 Chardonnay

這句話「喝蒙哈榭要跪著喝」真是太有名了。蒙哈榭是由夏多內所釀造的，這個品種和黑皮諾一樣，都被視為是高貴的在上位者。如果覺得夏多內的代表是夏布利的人，那應該會覺得這個品種一定是屬於「俐落女」。

不過，與其說夏布利的味道是來自夏多內的性格，倒不如說是來自其土地本身的性格所致。即使是勃根地的黑皮諾，有時也會有讓人感到緊繃的神經質，有時則散發出毀滅般的香氣，古怪而危險；但夏多內則不同，大致上味道都相當穩定，讓人十分安心。粗曠、大器、厚實、濃厚的果味與彷彿用柴刀切開的強烈酸度所形成的對比，任何人都能一目瞭然，是相當好懂的味道。

夏多內在全世界都能栽種，而且沒有其他品種可以像夏多內那樣，釀造出來的葡萄酒幾乎很少會失敗。不但基本路線不變，並且總是能確實地守住底線。以這樣的安定感為前提，然後再加上精緻細膩，充滿活力而舉止從容。堂堂正正的隨和男，不管是用橡木桶還是不銹鋼桶發酵，這樣的個性都不會有任何的改變。

藏出WINE 夏多內橡木桶發酵 2007年

酒莊／廠：神戶WINERY（農業公園）
產地：日本／神戶
葡萄品種：夏多內（白）
建議售價（不含稅）：1,852日圓

和夏布利成對比，清爽而圓潤的淡薄滋味。因為是來自溫和的氣候和土壤肥沃的水邊所釀造出的葡萄酒，所以更能顯現出品種所隱藏的真正性格。

Chardonnay 2012年

酒莊／廠：Pierro
產地：澳洲／西澳洲／瑪格麗特河（Margaret River）
葡萄品種：夏多內（白）
建議售價（不含稅）：8,200日圓
進口商：Village Cellars

雖然是細膩又充滿知性的葡萄酒，但因為釀造確實而讓夏多內本身的性格能夠完整地呈現輕盈和放鬆的隨和感。

Newton Chardonnay Unfiltered 2011年

酒莊／廠：Newton
產地：美國／加州／納帕縣（Napa County）
葡萄品種：夏多內（白）
建議售價（不含稅）：5,800日圓
進口商：MHD - Moët Hennessy Diageo

有如往年V8引擎的美國車一般，有著豐富的質感與樂觀的個性。因為沒有過濾而使得雜質也成為了味道一部分，雍容大度的感覺使人覺得非常愉悅。

Short Essay

請避免刻意將葡萄酒換到不同容器或是搖晃而讓味道變得不好

有人說「讓葡萄酒接觸空氣，能使香氣和味道甦醒而變得更好喝」，因此經常能看到一些半葡萄酒通將葡萄酒從原來的酒瓶移到不同的容器（decantage）或是來回地搖晃杯子（swirling）。這真的是很奇特的景象。我也曾試著做過，但通常味道反而會變得不好。不但讓質地變得粗糙、失去甘醇而破壞原有的丹寧和酸度，還會喪失高度和深度、讓味道的形狀變得扭曲，破壞了整體的和諧。

如果覺得葡萄酒的味道閉塞沒有甦醒，那麼應該先想一想為什麼會這樣：是否是因為累積了過多不好的氣？會不會是搞錯適合喝的日子？還是附近有沒有什麼東西阻礙了葡萄酒的能量等，要確認的地方多如牛毛。此外，如果是心術不正的人、對葡萄酒沒有感情的人、心神不寧的人，那麼葡萄酒會無法正確地解讀我們的心思，而讓味道變得刺口，或是平淡沒有表情。不要用蠻力讓它甦醒，可以對它說說話，讓它覺得安心。請讓葡萄酒覺得舒服吧！如此一來，葡萄酒會自然甦醒而變得好喝。如果這樣還是不覺得好喝，那麼可能要問問會不會是自己不適合喝葡萄酒。

這是有關人的直覺和感受性的東西。把沒有常識的東西稱為常識的半葡萄酒通在品論葡萄酒的時候，其實並沒有發現是自己正在把葡萄酒變得難喝。因此關於葡萄酒，擁有自由精神和正確常識的初學者反而能夠真正地喝出葡萄酒的美味。

Hint_3

應用篇①

食材與烹調的方法琳瑯滿目
葡萄酒的種類也不計其數。
但是想做出絕佳組合的話，就必須

探索料理與葡萄酒
所共通的樣貌

不論是照著其他書上寫的或是別人講的適合性，
還是根據店裡價格標示或背面酒標上寫的「適合搭配的料理」來試試，
遺憾的是，幾乎很少真正讓人覺得「對味」過。
因此，在此引進新的指標，讓我們來看看該如何搭配料理與葡萄酒。

玻璃餐具協力：木村玻璃店

葡萄酒的「味道」除了酸、甜、苦、鹹、鮮以外，還有以樣貌所呈現的「味道」

如果我們試著查一查什麼叫做味覺，會出現「對味覺的受體細胞，進行化學刺激所引起的膜電位活化反應」等敘述。由此而生的是「五味」，也就是一般說的味道甜不甜、苦不苦等用所謂生理學上的5種基本味道來表達味覺。不屬於這5味的辣味或是澀味，雖然比較像是「痛覺」而非是味覺，但就實際的狀況而言，當我們在提到食物味道的時後，辣味或是澀味等這樣的概念其實還是非常有用的。其他還有硬梆梆、軟綿綿、滑溜溜等用擬態語可來表達「觸覺的味道」。更進一步，像是鬱悶的味道、充滿活力的味道等心理方面的味道，這應該也是相當有用的概念吧！我們在前面有介紹過關於這樣的味道，而實際上應該有不少人是像這樣來表達味道的。

到這裡為止所提的是已被確認出的味道，但為了說明食物和飲料的廣義味道，我所新發現的則是以「樣貌」的方式所呈現的味道。當我們吃完或是喝完東西的時候，味道可以用3度空間配上時間軸所形成的4次元般的物質實體來表現。也就是說，口中的味道能夠像是親眼看見或是用手觸摸到眼前的東西一樣。像那樣的味道指標有非常多種，在此讓我們先來說說重心、形狀、大小、然後是分布等這4個重要的指標吧！

這個觀點，必須要將料理與葡萄酒放在一起看才行。這是由於所謂的適合搭配，料理與葡萄酒的「樣貌」必須要能夠一致才行。

描繪以「樣貌」做為味道的4個指標

❶ 重心

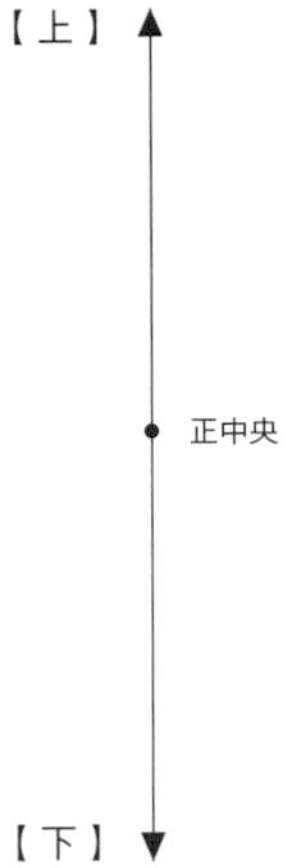

當食物（包含飲料）進入口中之後，味道在整個口腔裡的感覺並非都一樣，而是會感到味道以由上到下的縱座標的某個位置為重心，然後從這個點做擴散。如果點的位置在上面，那麼稱為重心在上的味道；如果點的位置在下面，那麼則稱做重心在下的味道。

p.88-91

❷ 形狀

當食物進入口中之後，不論重心在哪，味道會以立體的方式擴散。本來必須以長寬高的立體形狀來說明，但是在此簡單地以平面散開的形狀來表示。基本上會有圓形和四角形這2種形狀。

p.92-95

❸ 大小

當食物進入口中之後，不論重心在哪、也不論擴散的形狀為何，擴散的程度都會有其終點，最終則會有大小的區別。在口腔擴散不到一半就停止的，稱為「小的」味道；如果擴散到臉頰外側，那麼則稱為「大的」味道。

p.96-99

❹ 分佈

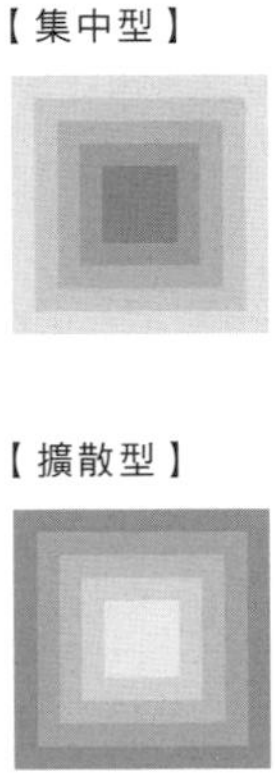

當食物進入口中之後，在某種大小的味道當中，有味道向中心集中、中心密度較高的，也有味道是相反地向外面擴散、周圍密度較高的這2種分佈型態。前者稱為「集中型」的味道；後者則稱為「擴散型」的味道。

p.100-103

天上飛的重心在上
地上爬的重心在下

味道的樣貌❶『重心』

味道會在口中的某個位置，隨著時間而繼續存在。這個時候，這個味道必定會「佔有某個位置」，而我們現在要說的就是關於這個位置的話題。口腔是一個立體空間，上面是上顎到鼻子，兩邊是兩頰，下面是下顎，前面是牙齒，後面是喉嚨；而味道的位置則可以在這個空間裡用3次元的座標來標示。

味道既不是點也不是線，而是必定會以立體的方式呈現，並且擴散的中心點還會位於某一個位置。關於橫軸，由於味道基本上是左右對照的，因此橫軸的位置會在中央。前後也會有座標位置，不過這等到以後有機會再說。

那麼，剩下的就是縱軸了。以上下牙齒咬合的位置（兩唇間隙的位置）為基準點，食物的味道會在縱軸的某處為中心做立體擴散，而這個上下的位置便稱為「重心」。也就是說，味道會有「重心在上（重心高）」、「重心在中央」、「重心在下（重心低）」這三種。

如果是食物，則重心的位置大致上能用所料理的食材部位做推測。如果是蔬菜，向上生長或是葉菜類的重心在上，如蘆筍、芹菜、蔥、青江菜和茼苣等。長在中間的果實則重心在中間，如青椒和茄子等。位在土裡的根莖類則重心在下，如蓮藕、牛蒡、馬鈴薯、胡蘿蔔等。如果是海鮮，則鮪魚、鰹魚、竹筴魚、秋刀魚、鯖魚等青魚類的重心在上；鯛魚在中央；比目魚、鰈魚、帆立貝、蝦子以及章魚等在海底棲息的則重心在下。

如果是肉類，雞、鹿、羊在上；

味道的重心

上
雞
油菜花
鮪魚

中間
牛
茄子
鯛魚

下
豬
馬鈴薯
比目魚

食物和飲料的重心並非全部都會在口腔裡的同個位置。按照食物的個性，味道的重心會在上面是從上顎到鼻腔，下面到下顎為止的縱軸線上的某個位置。

＊離地球中心遠的東西重心在上，近的則重心在下。譬如假設是鹽，則喜瑪拉雅岩鹽的重心在上；海鹽的重心在下。另外，甜度會讓重心變低，例如較甜的越光米會比笹錦米的重心還要下面。

牛在中間；豬在下面。如果是同一種動物，則部位在上面的（如腰脊肉等）比較偏上；部位在下面的（如大腿、 隔膜等）則比較偏下。

葡萄酒也有重心。大致上希哈、蜜思嘉、卡本內弗朗、蜜思卡岱勒（Muscadelle）、白蘇維翁、阿利歌特（Aligoté）還有白皮諾（Pinot Blanc）等重心在上；格那希、灰皮諾、梅洛、榭密雍（Sémillon）和格烏茲塔明那（Gewürztraminer）、穆爾維德（Mourvèdre）等重心在下。如果品種相同，則採收早的偏上；採收晚的偏下。

葡萄園如果是砂土則重心相對地偏上；黏土則偏下。來自火山的土壤通常重心幾乎都在上面。如果是同品種、同產區，則海拔高的在上，海拔低的在下。

重心在上的葡萄酒代表

葡萄品種：希哈、蜜思嘉、卡本內弗朗

土地：黃土、火山灰、高地、斜坡上

人工：早收

Jaspis Syrah 2011年

酒莊／廠：Ziereisen
產地：德國／巴登（Baden）
葡萄品種：希哈（紅）
參考商品

來自巴登的希哈葡萄酒傑出之作。由於莊園是石灰質且海拔高的緣故，因此充滿果味而感覺暢快。完全能表現出希哈的特質。

Gruner Veltliner Donau 2013年

酒莊／廠：Clemence Strobl
產地：奧地利／下奧地利州（Niederösterreich）／瓦格拉姆（Wagram）
葡萄品種：綠維特利納（Gruner Veltliner）（白）
建議售價（不含稅）：3，200日圓
進口商：ORVEARUX

代表奧地利的這個品種，厚實的味道加上黃土所帶來的輕快而讓香氣感覺清涼，確實地讓重心向上提升。

Don David Chardonnay Reserve 2013年

酒莊／廠：El Esteco
產地：阿根廷／卡爾查基谷地（Calchaqui Valley）／卡法亞特（Cafayate）
葡萄品種：夏多內（白）
建議售價（不含稅）：1，400日圓
進口商：SMILE

葡萄園的海拔高達1，700公尺，雖然就夏多內而言，可說是有少有的清爽而重心偏上，但整體的口感相當平衡穩定。有著像柚子般活潑的香氣。

重心在下的葡萄酒代表

葡萄品種：灰皮諾，格那希，梅洛，榭密雍，夏多內

土地：黏土，黏土 石灰，低窪地，斜坡下

人工：晚收

Carneros Chardonnay 2011年

酒莊／廠：Schug Carneros Estate Winery
產地：美國／加州／卡內羅斯（Carneros）
葡萄品種：夏多內（白）
建議售價（不含稅）：4,500日圓
進口商：中川 Wine

以靠近海而海拔低的卡內羅斯所產的葡萄為原料。帶有適度的橡木桶氣味，濃密滑順如奶油般的口感以及橫長的圓形的味道。香氣雖然輕盈，但重心偏下。

Chinuri 2012年（有經浸皮（skin contact）發酵）

酒莊／廠：Iago Bitarishvili
產地：喬治亞／卡特利（Kartli）
葡萄品種：琴努理（Chinuri）（白）
建議售價（不含稅）：3,600日圓
進口商：RACINES

黏土質的平地莊園。這款葡萄酒用埋在地裡的陶壺將果皮和種籽一起發酵、熟成的傳統方法釀造而成。這似乎也會讓重心偏低。

Rheingau Riesling Auslese 2010年

酒莊／廠：Schloss Vollrads
產地：德國／萊茵高（Rheingau）
葡萄品種：雷斯林（白）
建議售價（不含稅）：5,000（375ml）日圓
進口商：ENOTECA

稍微帶點貴腐菌的晚摘葡萄酒，在分類上正是屬於精選（Auslese）等級。酸味與香氣同時向上升起，雖然味道是垂直表現，但重心本身其實是在下面。

堅硬而脂肪少的是四角形
柔軟而脂肪多的是圓形

味道的樣貌❷ ‖形狀‖

我們現在知道在口腔的縱軸當中，味道的重心會存在於其中的某處。以這個重心為中心，味道會向外擴散，而這樣的擴散，則會形成某種形狀。

關於這個形狀，會以左右對稱的方式，形成四角形、三角形、梯形、圓形或是橢圓形等。形狀和重心不同，有各種樣子而且較為複雜，但是基本上大致可分為圓形和四角形，亦即是否有筆直的邊線和是否有形成夾角上的不同。

至於食物，一般來說口感硬的則形狀是四角形；軟的則是圓形。在吃烤得硬硬的肉的時候，能明確地感覺味道呈現筆直的輪廓。相反地，在吃軟軟的肉的時候，便感覺不到明顯的邊緣。如果以烤雞胗和烤雞肉丸子為例，雞胗肉質硬、吃起來有咬勁；雞肉丸子則是濕濕軟軟的。即使用同樣的雞、相同的方法料理，質感也會有所不同。如果試著感受兩者味道擴散後所形成的形狀，那麼將可以發現到前者是四角形，而後者是圓形。

烤杏仁和炒天津甘栗都是樹木的果實，前者較硬，後者則帶點濕潤、甘甜柔軟。理所當然，杏仁的味道形狀是四角形，而天津甘栗是圓形。

像豆腐或是魚肉山芋蒸餅這類的東西，即使外表的形狀是四角形，但是各位也應該知道其味道的形狀是屬於圓形的。即使基本上是四角形味道的牛排，與澳洲產不帶脂肪的牛腿肉相比，帶脂肪的和牛霜降肉的形狀算是圓形。像漢堡肉那樣從裡面會流出肉汁的食物也算是圓

味道的形狀

＊很少有料理會單純只有用一種食材來燒烤或是蒸煮。如果是用兩種以上的食材和調理方法然後裝在同一個盤子裡，例如將菲力牛排上配上鵝肝，則味道會呈現下面是四角形而上面是圓形。

圓形

柔軟　水份多　甘甜

奶油燉雞肉、糖漬胡蘿蔔、
成熟的柿子

四角形

堅硬、水份少、不甜

鹽烤雞肉、胡蘿蔔棒
甜柿

形的味道。

關於葡萄酒，分類在「俐落女」的是四角形；分類在「隨和男」的則是圓形。丹寧和酸味強的葡萄酒會比味道較弱的更呈現出四角形。至於像是在溫暖的年份所產的葡萄酒，果味比較豐富的會呈現出圓形。

位於斜坡上，表土層薄、石塊多的葡萄園所產的葡萄酒其味道是四角形；相反的位於斜坡下，石塊較少的葡萄園所產的葡萄酒則味道一般是屬於圓形。

即使基本上是相同形狀，位在山邊或是陡坡的葡萄園形狀垂直拉長，位在水邊或是平地的葡萄園則形狀會水平拉寬。

圓形味道的葡萄酒代表

葡萄品種：格那希、嘉美、夏多內、維歐尼耶、梅洛、榭密雍

土地：花崗岩、砂土、低窪地、水邊

氣候：溫暖的氣候

Condrieu “Coteau de Vernon” 2009年

酒莊／廠：Domaine Georges Vernay
產地：法國／隆河區
葡萄品種：維歐尼耶（白）
參考商品

北隆河的白酒代表─恭得里奧（Condrieu）。葡萄品種是種植在花崗岩的維歐尼耶。口感豐富且香氣華麗。帶著黏稠感，圓而大地向外擴散的形狀。

Bardolino Superiore 2012年

酒莊／廠：Villa Calicantus
產地：義大利／威尼托（Veneto）
葡萄品種：科維納（Corvina）為主體、莫利納拉（Molinara）、羅蒂內拉（Rondinella）（紅）
參考商品

威尼托的葡萄酒。圓形味道品種的莫利納拉，加上距離加爾達湖（Lago di Garda）2公里的水邊砂質的莊園特徵，讓味道呈現出輕盈柔軟的圓形。

淺柄野 Sémillon 2012年

酒莊／廠：琵琶湖Winery
產地：日本／滋賀
葡萄品種：榭密雍（白）
建議售價（不含稅）：1,260日圓

相當符合位於琵琶湖的滋賀的特色，黏而重心低的味道。榭密雍是屬於圓形感覺的品種，雖然土質是黏土，但是由於近水的關係而磨圓了邊角。

四角形味道的葡萄酒代表

葡萄品種：卡本內蘇維翁、雷斯林、白詩南（Chenin Blanc）、穆爾維德（Mourvèdre）、卡利濃（Carignan）

土地：石灰岩、片麻岩、黏土、高地、山邊、佈滿石塊的坡面

氣候：冰冷的氣候

John Riddoch Cabernet Sauvignon 2003年

酒莊／廠：Wynns Coonawarra Estate
產地：澳洲／南澳洲／庫納瓦拉（Coonawarra）
葡萄品種：卡本內蘇維翁（紅）
參考商品

冰冷的氣候、卡本內蘇維翁葡萄、石灰、橡木桶氣味的組合。丹寧與酸味強勁，用緊繃的直線勾勒出輪廓清楚的四角形味道。

Montalbano Valpolicella 2013年

酒莊／廠：Sartori di Verona
產地：義大利／威尼托（Veneto）
葡萄品種：科維納（Corvina），科維諾尼（Corvinone），羅蒂內拉（Rondinella），其他（紅）
參考商品

和94頁的Bardolino相似，但位於幾10公里遠的內陸，土壤為黏土。沒有莫利納拉葡萄，並增加科維納葡萄來釀造，因此味道呈現出完全的四角形。

Ancient Lakes Riesling 2011年

酒莊／廠：Milbrandt
產地：美國／華盛頓州／哥倫比亞谷地（Columbia Valley）／Evergreen Vineyard
葡萄品種：雷斯林（白）
參考商品

和67頁登場的Kung Fu Girl是同一個葡萄園，不過這一款葡萄酒更優雅更認真。特別是這一年的氣候非常涼爽，味道是徹底而筆直的四角形。

價格高則味道感覺大
價格低則味道感覺小

味道的樣貌❸ 大小

當食物或飲料進入到口中之後，可以感覺到味道以立體的方式擴散。這種擴散會在某處停止。因此在口中，有感覺到味道的區域和沒感覺到味道的區域會有一條界線浮出，而這種表示味道是大面積擴散還是小面積擴散的，就是味道的大小。

所謂的大小，如果是食物，那麼只需要用看的就能夠想像得出來。小到能夠用筷子的前端夾起來的食物，味道是小的；大到要張大口吃的食物，味道是大的。此外，乾乾的食物的味道小，多汁的食物的味道大。因此，同樣都是以雞肉為食材的料理，烤雞胸肉串的味道小；烤雞腿肉串的味道大。如果用刀子將牛排切成小塊跟切成大塊，味道的感覺大小也會不一樣，就如同眼睛所看的是一樣的。

另一個會形成差異的因素是「品質」。昂貴的大間町的生黑鮪魚味道大；便宜的冷凍鮪魚味道小。長崎不加明礬的赤海膽味道小；一般魚店賣的俄國紫海膽味道大。松阪牛的味道大；紐西蘭牛的味道小。即使是同一隻牛，後腰脊肉的味道大；大腿肉的味道小。如果是同一類的食材，則大致上價格和味道的大小會成正比。

如果鮮度降低，則味道會變小。剛新鮮摘下的番茄會比放在冰箱數日的番茄的味道要來得大。

即使是水，味道的大小也會不同。優質井水的味道大；自來水的味道小。即使是自來水，京都自來水的味道感覺會比較大；東京自來水的味道感覺比較小。

味道的大小

＊即使烤的是一樣的肉，有人烤出來的味道感覺大，有人烤出來的味道感覺小，這相當不可思議。像壽司那樣實際直接用手碰觸的料理更是特別能感覺到不同。這是與生俱來的本領，並且關係著一家餐飲品質的好壞。

味道大

高級品

松坂沙朗牛排
滋賀的牛奶皇后米（Milky Queen）
京都的名泉水

味道小

普通品

進口腿排
普通的米、自來水

不同的料理方法，味道的大小也會不一樣。用柴火烤出來的肉會比用電磁爐烤出來的肉的味道要來得大。牛奶倒進玻璃鍋子裡用瓦斯加熱會比用微波爐加熱的味道要來得大。使用電力或金屬會讓味道的感覺更小。

如果是葡萄酒，高貴的品種、知名的品種的味道感覺會比較大。夏多內大於阿利歌特、黑皮諾大於嘉美、奈比歐露比或是艾格尼克（Aglianico）會大於蘿瑟絲或瑪若蕾。

好的莊園，亦即被分類為特級莊園所產的葡萄酒味道會比較大。至於生產的年份，通常氣候暖和的年份味道會比較大。非常容易理解。

味道感覺大的葡萄酒代表

葡萄品種：國際知名的高貴品種、高熟度

土地：好的葡萄園、頂級葡萄園等在傳統上評價很高的葡萄園

氣候：能受惠於晴天的年份

人工：橡木桶發酵、細心栽培、不添加二氧化硫（Sans Soufre）

Chambertin-Clos de Bèze Grand cru 2008年

酒莊／廠：Domaine Chanson
產地：法國／勃根地／哲維瑞-香貝丹（Gevrey-Chambertin）
葡萄品種：黑皮諾（紅）
建議售價（不含稅）：26,000日圓
進口商：Arcane

在知名葡萄園群星閃耀的勃根地之中，開墾最早、等級最高的葡萄酒。口感堅硬、四角形、超級嚴肅。相當從容自如的巨大感。

Barolo Pajana 2009年

酒莊／廠：Domenico Clerico
產地：義大利／皮蒙特
葡萄品種：奈比歐露（Nebbiolo）（紅）
建議售價（不含稅）：10,500日圓
進口商：Firadis

代表義大利，有「葡萄酒之王」美譽的Barolo（巴羅洛）。由溫暖的年份所帶來的加乘效果，形成能覆蓋住強勁單寧的巨大味道與壓倒性的餘韻。

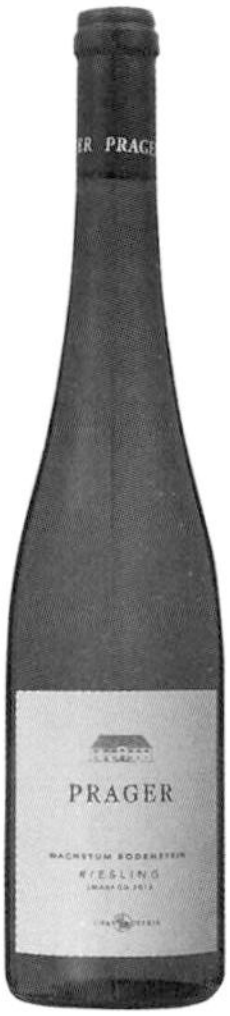

Riesling Wachstum Bodenstein Smaragd 2013年

酒莊／廠：Weingut Prager
產地：奧地利／瓦豪（Wachau）
葡萄品種：雷斯林（白）
建議售價（不含稅）：9,500日圓
進口商：AWA

晚收的高酒精濃度的濃烈口感，屬於瓦豪裡等級最高的「Smaragd」級。黏稠且充滿力量，會讓兩頰緊縮般的強烈震撼。

味道感覺小的葡萄酒代表

葡萄品種：用來做地方酒的次級品種、低熟度

土地：等級低的普通葡萄園

氣候：夏天氣候不佳的年份

人工：不銹鋼桶發酵、幫浦加壓、添加二氧化硫等化學物質

Gevrey-Chambertin 2011年

酒莊／廠：Domaine Chanson
產地：法國／勃根地／哲維瑞-香貝丹（Gevrey-Chambertin）
葡萄品種：黑皮諾（紅）
建議售價（不含稅）：7,500日圓
進口商：Arcane

比Clos de Bèze還要再下2級的村級葡萄酒。具有符合這個村莊的緊繃感和清涼特質。雖然也是好喝的葡萄酒，但絕對是味道感覺小的葡萄酒。

Langhe Dolcetto Visadi 2012年

酒莊／廠：Domenico Clerico
產地：義大利／皮蒙特
葡萄品種：多賽托（Dolcetto）（紅）
建議售價（不含稅）：2,700日圓
進口商：Firadis

和Barolo（巴羅洛）同一個生產者、同一個地區的類似土地。雖然有柔軟的果實味、細膩的丹寧與酸味而呈現出相當調和的垂直感，但是比巴羅洛的味道小。

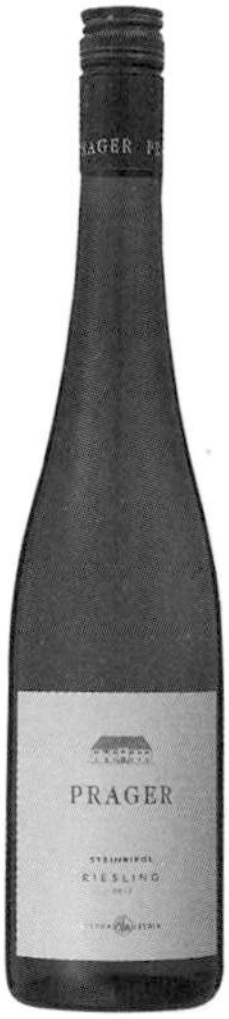

Riesling Steinriegel Federspiel 2013年

酒莊／廠：Weingut Prager
產地：奧地利／瓦豪（Wachau）
葡萄品種：雷斯林（白）
建議售價（不含稅）：4,700日圓
進口商：AWA

可說是雷斯林的基本款，具有較高的酸度和輕盈的酒體。嚴肅感和輕快感搭配得非常和諧，不過味道只停留在舌頭中間。

烤的東西味道集中
煮的東西味道擴散

味道的樣貌❹ ‖分佈‖

味道的擴散有形狀和大小上的不同，感受擴散時裡面的樣子，會發現味道組成的密度並不均勻。

因為這是在了解味道樣貌中最難的部分，所以可能不太容易想像，但是如果能夠自己親自烹調，然後嚐一嚐並且比較看看味道，一定就能理解什麼是味道的分佈。

食物進入嘴巴然後咀嚼幾秒之後，味道的大小雖然不變，但是在這個大小的範圍之中，有味道會往中央集中，以及味道向外緣擴散這兩種類型。前者味道的密度在中央最高；後者則可以感覺周邊的密度較高，這就是所謂的味道的分佈。重心、形狀和大小幾乎都是在瞬間就已決定，但是分佈的完成則應該要數秒的時間。也就是說，味道其實也會有往內或往外的向量表現。

會造成這種差異，是因為烹調方式不同的緣故。直接用火或是用平底鍋子並以較短的時間來煎烤，則味道會成為集中型。用水蒸煮、用液體烹調、長時間慢烤、或者是像生魚片等生食的話，則味道會呈現擴散型。如果我們將胡蘿蔔切薄，然後同時比較看看直接生吃、用平底鍋大火煎過、和用水煮過的味道，應該就能立刻明白這些差異。葡萄酒也分為集中型和擴散型。雖然在還沒喝之前無法確定是哪一種，但是多少可以推測看看。葡萄的開花期如果是好天氣，開花在短短約1週左右就結束的話，則該年份的葡萄酒會是集中型。如果開花時期是壞天氣，或者剛開始是好天氣但後來突然變冷或下起雨來，開

味道的分佈

＊如果是炸東西，將材料切成小塊用高溫短時間油炸的話會是中間型；大塊的材料以低溫長時間油炸則是擴散型。即使一樣都是烤肉，用小火慢烤則集中度會比較弱，炙燒鰹魚生魚片則稍微有點集中型。

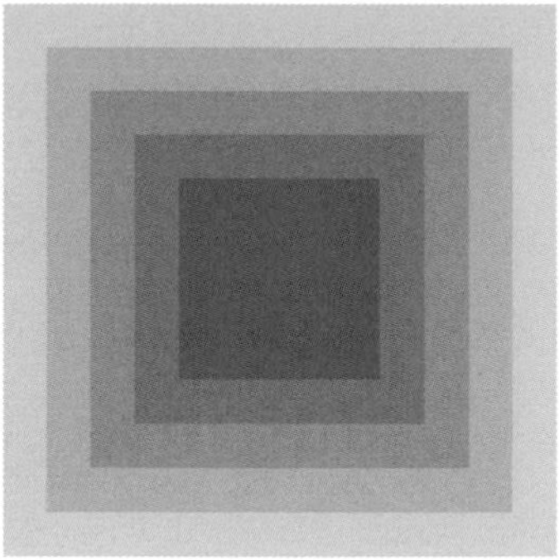

集中型

烤或炒的料理

烤肉、串燒
中華料理中的熱炒類

擴散型

生食、蒸或煮的料理

生魚片、蒸雞肉、燉菜

花持續兩週以上的話，則該年份的葡萄酒則屬於擴散型。像是勃根地那樣品種單一的情況，這兩者的差異會更加顯著。

如果是波爾多那樣習慣用多種品種混合的情況，由於每個品種的開花期不同，各自的天氣狀況也不一樣，因此味道會比較偏向擴散型，或是味道集中和味道擴散並存的中間型。

味道集中的葡萄酒代表

呈現集中型味道的年份，基本上從5月到6月的開花期要一直都是高溫的好天氣。大致上，早收的年份會比晚收的年份味道更呈現集中型。

Chambertin Clos de Beze 2007年

酒莊／廠：Dominique LAURENT
產地：法國／勃根地／哲維瑞-香貝丹（Gevrey-Chambertin）
葡萄品種：黑皮諾（紅）
參考商品

屬於例外提早發芽、開花、採收的年份。夏季天氣惡劣。採收時則主要是乾燥的好天氣。顏色淡薄、丹寧弱小、柔軟的酸味、清晰的果實味讓人感覺舒暢。

CHAMBERTIN 2005年

酒莊／廠：JEAN & JEAN-LOUIS TRAPET
產地：法國／勃根地／哲維瑞-香貝丹（Gevrey-Chambertin）
葡萄品種：黑皮諾（紅）
參考商品

4月和5月多雨，然後高溫的5月末開花。7月和8月雖然非常乾燥但氣溫適中。9月則是天賜甘霖。味道純淨而凝縮，有如石牆般堅硬牢固。

Clos de Vougeot 2009年

酒莊／廠：Domaine de la Vougeraie
產地：法國／勃根地／伍傑雷（Vougeraie）
葡萄品種：黑皮諾（紅）
參考商品

在5月末的時候提早開花。溫暖的6月之後則是多雨的7月。變色期的7月末則是好天氣，之後也非常的風調雨順。味道成熟滑潤，雄厚明朗。

味道擴散的葡萄酒代表

呈現擴散型味道的年份，大致上開花期的天氣變化多端，才剛開始熱就又馬上變冷。此外，如果葡萄園的結果大多不良，通常味道也會是擴散型。

La-Tache 2010年

酒莊／廠：Domaine de la Romanee-Conti
產地：法國／勃根地／沃恩 - 羅曼尼（Vosne-Romanée）
葡萄品種：黑皮諾（紅）
參考商品

到6月下旬一直是低溫，開花晚且長，大量的結果不良。夏天溫暖、雨量適中。9月以後則是涼爽的好天氣。凝縮度高，陰暗的感覺明顯。

BONNES MARES 2008年

酒莊／廠：DOMAINE FOUGERAY DE BEAUCLAIR
產地：法國／勃根地／莫雷 - 聖德尼（Morey-St-Denis）
葡萄品種：黑皮諾（紅）
參考商品

到6月半之前都一直是低溫多雲。7月溫暖乾燥。8月到9月前半涼爽多雨。9月半之後到採收前則是涼爽的好天氣。味道暢快而緊繃銳利。

Clos Saint-Denis 2012年

酒莊／廠：Amiot Servelle
產地：法國／勃根地／莫雷 - 聖德尼（Morey-St-Denis）
葡萄品種：黑皮諾（紅）
參考商品

4月到6月持續低溫多雨，開花晚的一年。不過7月以後到採收之前則是溫暖但不會太熱、晴朗且持續乾燥的天氣。細緻、柔和、味道感覺相當大。

炸雞

將重心在上的雞肉用慢火油炸的擴散型料理

接下來，讓我們舉一些具體的例子，想一想如何讓料理與葡萄酒能夠做出美味的搭配吧！

雞是禽類，即使沒有在天上飛，重心還是在上。這只要看看「雞」這一個字，就能夠立即知道味道的樣貌。在思考該如何搭配時，首先從重心來看會比較容易。

由於使用來炸的肉塊不會太小也不會太大，所以我們能夠想像得到味道的大小應該會是介於中間。如果是薩摩赤雞或是名古屋九斤雞等上等雞肉的話，味道應該會比較大，不過這回所使用的則是一般的肉雞。

炸雞如果用高溫、短時間的方式油炸，肉的口感會變得酥脆。雖然如此，但是烹調的時間也不如用低溫豬油炸豬排或油封料理（confit）*那麼長，因此味道的分佈應該是屬於中間型或是擴散型。

即使裡面多汁，但是表皮酥脆，吃起來硬硬的，因此味道的型狀應該既不像是四角形，也不太像是圓形。

吃這道料理的時候，可以擠一些檸檬汁和灑一點花椒粉在上面。沒有酸味的料理不適合搭配有酸味的葡萄酒。和其他的飲品相比，不論哪一款葡萄酒基本上酸味都算滿強的，因此有了檸檬可以讓葡萄酒搭配起來更棒。如果葡萄酒的酸味越強，那麼檸檬汁就必須要多擠一點。

花椒的香氣強烈，對於提升味道整體的樣貌有很好的效果。由於葡萄酒是屬於香氣濃郁的酒類，因此和香氣較強的料理很容易做搭配。

＊「油封（Confit）」就是把肉泡在油脂中用低溫小火慢慢煮熟的一種料理手法（可以用在豬、鵝、鴨等），法文是保存的意思。大量的油脂可以把肉密封，隔絕與空氣的接觸。

適合搭配的3款葡萄酒

Volnay Premier Cru Clos des Chenes 2008年

酒莊／廠：Domaine Latour Giraud
產地：法國／勃根地
葡萄品種：黑皮諾（紅）
建議售價（不含稅）：7,000日圓
進口商：ORVEARUX

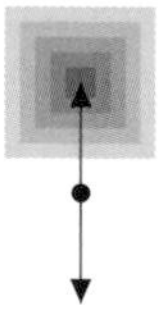

在丘陵斜坡上的沃爾內村（Volnay）中，重心算是明顯很高的Clos des Chenes葡萄園。由於味道呈現成四角形，因此首先和料理外側硬脆的部分就很搭配，接著過一會兒則能非常明顯地感受到雞肉本身的風味。因為這款的口感相當濃郁，適合沾醬炸雞。

Purato Rosè Organic 2012年

酒莊／廠：Feudo di Santa Tresa
產地：義大利／西西里島
葡萄品種：黑達沃拉（Nero D'Avola）（粉紅）
建議售價（不含稅）：1,150日圓
進口商：SMILE

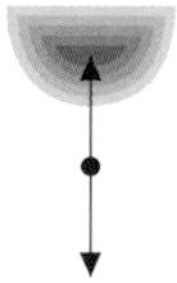

黑達沃拉也是重心容易感到偏上的品種。西西里島的休閒氣氛和炸雞那樣的料理非常搭調。濃郁的紅酒對這道料理來說丹寧會過強，粉紅酒的話才能清楚地感受到優雅細緻。搭配時，料理可以多放點花椒和檸檬汁。

Saint Joseph Silice 2011年

酒莊／廠：Domaine Coursodon
產地：法國／隆河區
葡萄品種：希哈（紅）
建議售價（不含稅）：4,500日圓
進口商：The Vine

葡萄酒搭配料理時，基本上重心要能一致。雞肉和希哈葡萄的重心都在上面，因此兩者很好搭配。Saint Joseph（聖約瑟夫）的土質是花崗岩土壤，形狀帶圓，和料理的鮮嫩多汁也很適合。強而有力的丹寧和炸雞外側的脂肪結合，讓雞肉本身的美味得以充分顯現。

薑燒豬肉

將重心在下的食材以集中型的方式調理，
配上甘甜又辛辣的醬汁

豬肉在日本或中國等亞洲各國都非常地受歡迎，在德語系國家也被大量地食用著。不過，在法國、義大利、英語系等國家則比較沒那麼普遍。一般都是把豬肉加工成火腿、香腸等食用。

在與葡萄酒的搭配上，豬肉是個很大的問題。這是由於在肉類當中，豬肉是唯一一個重心低的肉類，但是這些不太吃豬肉的國家所產的葡萄酒，其重心低的又非常少。因此適合的葡萄酒非常有限。

此外，原本在天主教國家中，葡萄酒被認為是神聖的東西，而豬肉在舊約聖經中則是不准食用的禁忌食物。因此應該也沒什麼人會去考慮葡萄酒和豬肉搭不搭吧！

但是，如果日本的進口商和酒廠能夠注意到日本是豬肉的消費大國之一，然後販售適合搭配的葡萄酒來搭配那就太好了，可惜目前似乎大多數人的味覺和想法都被西化了，譬如「適合搭配山鷸」或是「適合搭配綠頭鴨」之類的。但是，像那樣的東西我們什麼時候吃得到？那是住在不同的世界吧？

繼續回到薑燒豬肉的話題。這道料理因為是用快火煎煮的關係，所以味道屬於集中型，大小則約在中間。因為這回特地將帶有脂肪的梅花肉醃得軟軟的，醬汁則增加了甜度，所以味道的形狀稍微偏向圓形，再加上薑香非常撲鼻，因而能夠讓形狀稍微更往上抬。

適合搭配的3款葡萄酒

Vintner's Reserve Chardonnay 2012年

酒莊／廠：Kendall-Jackson
產地：美國／加州
葡萄品種：夏多內（白）
建議售價（不含稅）：2,800日圓
進口商：ENOTECA

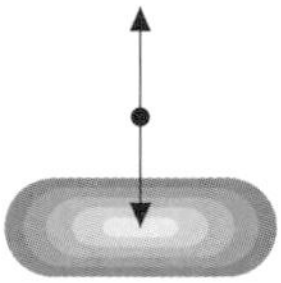

這款酸度低，質感粗曠的葡萄酒，其滑潤的黏性與充滿熱帶氣息的風味能提高豬肉（特別是炸漢堡豬肉）的美味。和薑燒豬肉的脂肪及甘甜的醬汁都很搭調，不過由於這年份的味道是屬於擴散型，因此搭配醬汁會比豬肉本身更對味。

Pinot Gris 2012年

酒莊／廠：The Eyrie Vineyards
產地：美國／俄勒岡州／威　美特谷地（Willamette Valley）／敦提山（Dundee Hills）
葡萄品種：灰皮諾（白）
建議售價（不含稅）：3,000日圓
進口商：Village Cellars

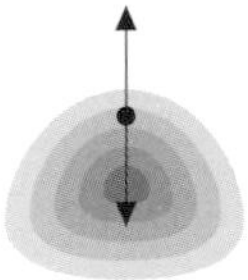

重心低的灰皮諾是提到搭配豬肉時，首先會立刻浮現在腦海的葡萄品種。因為是由俄勒岡首屈一指的生產者所釀造出的俄勒岡知名白酒，所以完成度相當高。符合玄武岩土壤的質地，香氣清爽舒暢，與薑的香味非常搭調。搭配時，料理的醬汁可以稍微辣一點。

Sonoma County Old Vine Zinfandel 2011年

酒莊／廠：Kirkland
產地：美國／加州／索諾瑪縣（Sonoma Country）
葡萄品種：金粉黛（紅）
參考商品

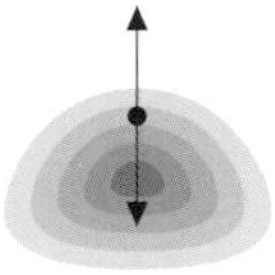

味道感覺大、酸度低、帶黏性、圓形、重心低的金粉黛是和豬肉料理的適配率相當高的品種。丹寧和脂肪帶來的油膩感互相抵銷，引出脂肪純粹的甘甜，酒芯的堅硬質地則呼應了豬肉本身的口感，將四周包圍的甜腴則對應了醬汁，形成了天衣無縫的美味關係。

〈驗證〉料理與葡萄酒的合適搭配③

法式嫩煎白肉魚

（比目魚）

重心低的比目魚，
烤奶油適合搭配橡木桶風味

比目魚是白肉魚，切成魚片後的樣子也非常的優美。應該滿多人會覺得比目魚的味道嚐起來比較清淡。但其實比目魚的味道是相當強而有力的。

我之前在日本料理店工作時，在正準備要切比目魚的時候曾經被咬過手，因此更覺得比目魚＝強壯。

如果覺得味道清淡，不知為何就會常誤認為重心比較高，然後味道濃的東西重心比較低。鵝肝的味道濃厚，但因為是禽類的一部分，所以其實重心應該是在上面。事實上，重心與味道的清淡、濃厚並無直接關係。比目魚是平貼在海底棲息的魚類，是屬於重心低的食材的代表。關於魚類，有機會可以到水族館去觀察他們的活動生態看看。在上面游的沙丁魚重心在上；在下面棲息的章魚、蝦子和石斑魚則重心在下。

比目魚因為是高級魚類，所以味道的感覺大，而法式嫩煎是用煎的方式烹調，因此密度則屬於集中型。此外，因為是將魚輕裹上粉後才開始煎的，而裹上的粉會讓魚變得酥脆，所以味道的形狀會比較偏向四角形。因此，魚的味道大致會呈現橫長形。

法式嫩煎的醬汁是將烤奶油加上檸檬汁和香芹。檸檬適合葡萄酒的酸味；烤奶油適合葡萄酒的橡木桶風味；而香芹的香氣則能對應葡萄酒的草本香氣。

在許多意義上，能夠吻合高級葡萄酒特色的，正是這道料理。

適合搭配的3款葡萄酒

Chateau de Carlmagnus 2010年

產地：法國／波爾多／佛朗莎（Fronsac）
葡萄品種：梅洛（紅）
建議售價（不含稅）：開放價格
進口商：L'Astre

在波爾多中，水邊的典型—佛朗莎（Fronsac）。因為是輕柔地向兩邊逐漸擴散的味道，所以也很適合搭配魚類料理。特別是梅洛葡萄相當柔軟且重心又低，因此很適合像比目魚那樣棲息在海底的魚類。紅酒比起白酒酸度低，這也是適合搭配的原因之一。

Chateau Carbonnieux 2001年

產地：法國／波爾多／貝沙克-雷奧良（Pessac-Léognan）
葡萄品種：榭密雍、白蘇維翁（白）
參考商品

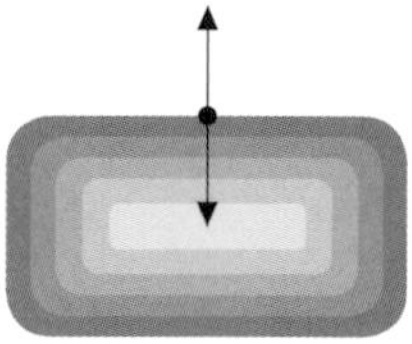

靠近海的波爾多由於經常吃法式嫩煎舌鰨魚，因此以榭密雍為主體的波爾多白酒通常會是不錯的選擇。由於這款葡萄酒帶有橡木桶風味，形狀呈現四角形，因此如果將魚確實地裹上高筋麵粉，然後煎得香香酥酥的會非常搭配。至於醬料，檸檬和香芹可以多一點。

Verdicchio dei Castelli di Jesi 2009年

酒莊／廠：Bucci
產地：義大利／馬給（Marche）
葡萄品種：維蒂奇諾（Verdicchio）（白）
參考商品

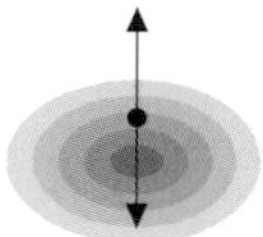

圓形、重心在下、集中型，理所當然會非常適合這道料理。葡萄園的土壤是黏土和石灰。黏稠度和清晰感所組合成的特質，完全就是與比目魚的絕妙搭配。此外，維蒂奇諾特有的杏仁香氣更是能加強法式嫩煎的烤奶油風味。

〈驗證〉料理與葡萄酒的合適搭配④

烤肉（牛）

因為簡單而能學到味道的基本
集中型料理的代表

不限於葡萄酒，烤肉是只要吃了就會讓人想喝酒的料理代表。不過，最適合搭配的其實還是非葡萄酒莫屬。只有葡萄酒能夠精準地調整味道的重心、形狀、大小以及分佈的呈現。以調理的方式來說非常簡單，就只有烤而已。完全的集中型味道。因為沒有像是醬汁等會形成擴散型的要素，所以只有集中型的葡萄酒適合搭配。

因為是牛肉，所以重心在中央。

但是如果是位於高海拔的岐阜或岩手所飼育的牛肉，則重心會稍微高一點。如果是在像九州那樣熱的地方所產的牛肉，則重心應該會比較容易偏下。不管產地在哪，即使不是名貴的牛肉，只要是和牛，味道嚐起來都會感覺比較大。

以部位來說，比起肩胛肉、腰脊肉和牛臀肉等背部的肉，位於腹部如五花肉等的重心會稍微更下面。屬於內臟的橫隔膜的重心也是比較偏下。這回的部位則是牛五花。牛五花的韓文叫Kalbi，指的是肋骨的意思。或許因為是和骨頭相接的部位，所以讓人感覺有較多的礦物，紮實而牢固的四角形味道。牛五花必須搭配味道非常凝縮的高級葡萄酒才行，不然會讓葡萄酒的味道相形失色。

烤肉如果是灑著鹽吃，那麼料理就沒有酸味，因此並不適合有酸味的葡萄酒。但是，如果葡萄酒的味道不酸又淡則會無法抵抗肉類的高脂肪。這時後，丹寧強勁又有澀味的葡萄酒就適合登場了。大體上，燒肉非常適合搭配溫暖的新世界所產的葡萄酒。

適合搭配的3款葡萄酒

Château la Grolet G 2011年

酒莊／廠：Château la Grolet
產地：法國／布爾區
葡萄品種：梅洛為主體，，卡本內蘇維翁（紅）
建議售價（不含稅）：2,500日圓
進口商：Diony

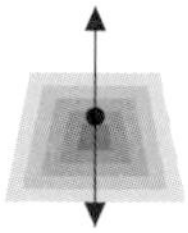

由於布爾區屬於黏土石灰質，因此容易找出與黏稠脂肪以及緊實的瘦肉之間的一致性。這款葡萄酒有著相當俐落的酸味，形狀呈現四角形，味道的感覺也比較小，因此應該比較適合將里肌肉切薄用網子烤，然後淋上橘醋來吃。

GSM Grenache/Shiraz/Mourvedre 2012年

酒莊／廠：Torbreck
產地：澳洲／南澳洲／巴羅莎谷地
葡萄品種：格那希，Shiraz（希拉茲，即希哈），慕合懷特（Mourvèdre）（紅）
建議售價（不含稅）：2,900日圓
進口商：Millesimes

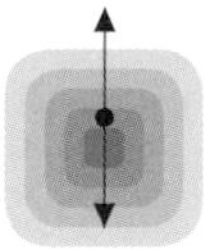

因為是集中型，所以適合像烤肉那樣的調理方法，葡萄酒的酸味少也與料理的低酸度相當配合。不過因為葡萄酒的重心會比肉還高，因此會有將肉的味道往上抬的感覺。味道偏圓，彷彿就像用醬汁將肉包起來一般，非常適合比較帶有脂肪或是靠近橫隔膜的肉。

Cabernet Sauvignon 2004年

酒莊／廠：Grgich Hills
產地：美國／加州／納帕山谷
葡萄品種：卡本內蘇維翁（紅）
參考商品

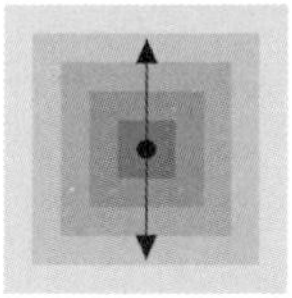

要搭配牛五花其堅固四角形的味道與只有日本和牛才有的味道大小，這款葡萄酒絕對會非常適合！稍微帶點橡木桶風味與肉的焦味非常搭調，強勁的丹寧與肉的脂肪結合並且中和，最後濃密的果實味和牛肉特有的風味又互相融合，形成相當出色又美味的複雜滋味。

串燒（雞胸肉）

重心高、味道小、集中型
適合搭配日常餐酒

關於雞肉料理，我們已經介紹了炸雞，而烤的料理則介紹了烤肉。不過，適合這道料理的葡萄酒和那些情況並不相同。這是因為只要味道的樣貌稍有改變，那麼適合的葡萄酒也會不同的緣故。

雞肉串燒因為是禽類，所以重心在上，這點各位應該都已經清楚了。沒有禽類的重心是在下面的。雖然我以前也曾經被問過企鵝是在海中游的，所以重心會不會是中央等之類的問題，但因為大部分的人都不會吃企鵝，所以我覺得應該沒有考慮的必要！

雞肉串燒的味道分佈是完全的集中型，和烤肉同樣都是典型的集中型料理。不過，如果塗上醬料的串燒則會有一些不同。醬料，或者該說全部的液體都屬於擴散型。也就是說塗上醬料的串燒會變成集中型的肉然後在周圍帶點擴散型。因此，集中型的葡萄酒混入少許擴散型的葡萄酒會最適合。例如2008年波爾多左岸的葡萄酒，不過這話題比較深，可能會比較適合高級者。由於肉蠻小塊的，而且使用的是一般的肉雞，因此我們可以知道味道的感覺是小的。

雖然料理的方式是用烤的，但是由於不是把表面烤得焦焦的雞胸肉串燒，所以不太需要帶有橡木桶風味的葡萄酒。至於形狀，雞胸肉因為比雞腿肉還要柔軟，因此形狀不太像四角形。但是如果用木炭烤會比用瓦斯烤的味道更像四角形。

最後，雞胸肉一定要沾點芥末。這個做法，可說是特別考慮到了與葡萄酒的適性而展現出的小技巧。

適合搭配的3款葡萄酒

Reserva Torrontes 2013年

酒莊／廠：Terrazas
產地：阿根廷／門多薩（Mendoza）
葡萄品種：托倫特（Torrontés）（白）
建議售價（不含稅）：2,400日圓
進口商：MHD Moët Hennessy Diageo

阿根廷的葡萄園通常都位在高海拔的地方，因此適合搭配雞肉。托倫特葡萄的質地輕柔而香氣強烈，因此和肉的柔軟口感與芥末的香氣可說是絕配。不過，由於形狀稍圓，特別是這個年份的味道屬於擴散型，因此應該會比較適合灑上一點花椒的雞肉丸子串燒。

Gelber Muskateller 2013年

酒莊／廠：Franz Anton Mayer
產地：奧地利／瓦格拉姆（Wagram）
葡萄品種：蜜思嘉（白）
建議售價（不含稅）：2,900日圓
進口商：ORVEARUX

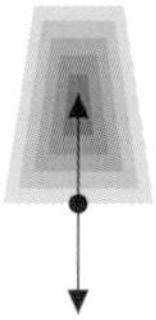

瓦格拉姆這個產地的土壤屬於黃土，一般會帶有輕柔的質感。只要不是刻意延遲採收，通常重心會在上面，是相當適合搭配雞肉的一款葡萄酒。由於形狀稍微偏四角形，因此將串燒烤得焦一點會比較好。這個品種其獨特的輕盈香氣和芥末也很對味。

Chiroubles 2012年

酒莊／廠：Domaine Ruet
產地：法國／勃根地／薄酒萊
葡萄品種：嘉美（紅）
參考商品

Chiroubles的海拔有400公尺之高，在薄酒萊中算是重心較高的，因此可以搭配雞肉。因為丹寧少，且葡萄園的土質是花崗岩砂土，所以口感清爽柔軟，和雞胸肉的質感調性相同。草本香氣向上滿溢，與芥末的暢快感也很相稱。

生魚片（鮪魚）

鮪魚其實是重心「輕」的魚，
適合搭配的葡萄酒讓人意想之外

最容易被誤解的魚—鮪魚。提到鮪魚，大部分人的印象是體型龐大而肉質很有咬勁，一定要讓它熟成之後才能吃。因為肉的顏色是紅的，所以一般會認為味道充滿力量，很有肉和血的感覺。再者，大家對於ＴＯＲＯ（脂肪多的部位）的印象太深了，因此更覺得鮪魚的味道相當濃膩。不對不對，這其實是主觀的看法，且讓我們來看看重心吧！鮪魚的重心其實是在上面。此外，如果是紅肉魚，嚐起來通常會比其他大多數的魚還要來得清爽順口，味道的感覺會比較小。因此，適合的葡萄酒會是一般所說比較「輕」，也就是重心高而味道清爽的類型。

如果是體重達２５０公斤的黑鮪魚，那麼口感確實很複雜且味道的感覺相當大。像那種一片就要一千日圓的生魚片，在美食雜誌上看看可能會覺得還蠻有趣的，但是跟我們實際生活的距離卻是相當遙遠。至於一般市面上賣的短鮪，那確實真的是口感相當清爽的。不，就連新鮮的黑鮪魚ＴＯＲＯ，特別是優質不帶筋的背部ＴＯＲＯ，更是意想不到地滑溜、輕柔而入口即化。

另外，如果將生魚片的下方沾了醬油，入口時記得要保持生魚片與醬油的上下位置。先姑且不論沒有經加熱處理過的生醬油，大部分二次釀造或是壺底醬油類的生魚片醬油的重心會比鮪魚低。當不同的食品上下重疊的時候，將重心低的食物保持在下面的位置會比較好。因此，這也就是為什麼以前的鮪魚壽司會用醬油浸漬，我認為這應該和避免味道的垂直結構崩解也有關係。

適合搭配的3款葡萄酒

Petit Ours Brun 2012年

酒莊／廠：Matthieu Barret
產地：法國／隆河區
葡萄品種：希哈（白）
建議售價（不含稅）：2,800日圓
進口商：Diony

希哈葡萄的重心在上，質地細膩而滑順。如果能避開有橡木桶風味而丹寧過強的酒款，那麼會很適合鮪魚。這款葡萄酒是用不銹鋼桶熟成，並且只有加入極少量的亞硫酸，所以風味非常純淨、新鮮，一點都不會和生魚片格格不入。

Marigny-Neuf Sauvignon 2012年

酒莊／廠：Ampelidae
產地：法國／羅亞爾河谷地
葡萄品種：白蘇維翁（白）
建議售價（不含稅）：2,100日圓
進口商：VINORUM

擁有極為清澈的風味與纖細的質地，重心在上的葡萄酒。像鮪魚那種清爽，一入口就能立即明白的滋味大致上都很適合搭配這個品種，唯葡萄酒的形狀是四角形而料理的形狀則是圓形。適合搭配比短鮪的密度高而稍微帶點四角形的黑鮪魚，或是炙燒鰹魚生魚片。

Muscat Sec 2010年

酒莊／廠：Cave de Rabelais
產地：法國／隆格多克-魯西雍
葡萄品種：蜜思嘉（白）
建議售價（不含稅）：2,600日圓
進口商：21 Community

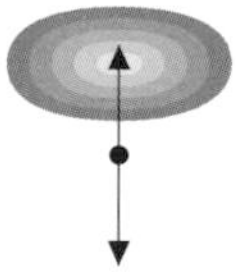

收成得早並加強口感辛辣的南法的蜜思嘉其重心在上，肌理非常細膩。由於葡萄園相當靠近海，因此味道呈現濕潤而向兩旁擴散的水邊風格。絕對非常適合搭配像鮪魚那樣重心在上，口感清爽的魚類。此外，蜜思嘉的清爽香氣和芥末也很搭配。

紅酒燉牛肉

典型感覺大，圓形且味道複雜的代表
適合高級葡萄酒的登場

適合搭配紅酒的料理之一——紅酒燉牛肉。首先，用紅酒將牛肉醃漬，同時醬汁也加了相當份量的紅酒，因此當然會很搭配。不論是勃根地還是皮蒙特，知名的紅酒產區通常紅酒燉牛肉也會鑾有名的。

不過，事情其實也沒有這麼簡單。在調理的過程當中，如果將料理加上紅酒燉煮，那麼料理的紅酒味道會比飲用的葡萄酒還要強烈。如果喝的是味道淡的葡萄酒，那麼有喝跟沒喝是一樣的，倒不如說還可能會把料理的味道變淡。另外，牛骨和大量的蔬菜所熬煮出的湯汁也會增加濃厚感。這個部分也要特別注意。

因為是牛肉，所以重心在中央。因為是燉煮的關係，所以在分布上是屬於擴散型，形狀是圓形，味道的感覺則非常的大。怎麼看都需要頂級有名、味道確實的葡萄酒才行。以高級的葡萄酒做為前提來搭配的話，基本上應該都不會失敗。

燉牛肉和葡萄酒容易搭配的原因是因為它能夠在後面調整料理的酸度。如果覺得葡萄酒太酸，那麼只要先用鍋子將葡萄酒煮到水份變少，並且在味道適合的時候再加入料理即可。

葡萄酒經常會有因為太酸而和料理不好搭的問題，但如果是燉牛肉的話，則能輕易地解決這個問題。

另外，要讓燉牛肉更適合搭配葡萄酒的訣竅是可以加入一些香草植物。日本的西式紅酒燉牛肉的味道較甜而香草味沒那麼重，這情況通常會讓葡萄酒喝起來感覺比較青澀，像是喝到廉價酒的錯覺。

適合搭配的3款葡萄酒

Vosne Romanée Vieilles Vignes 2012年

酒莊／廠：Frédéric Magnien
產地：法國／勃根地
葡萄品種：黑皮諾（紅）
建議售價（不含稅）：7,600日圓
進口商：TERRAVERT

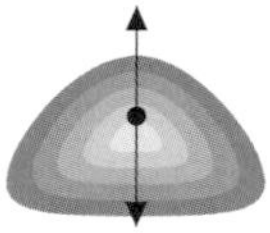

如果說到勃根地適合紅酒燉牛肉的葡萄酒，那就一定要提起味道又大又圓的沃恩-羅曼尼（Vosne Romanée）。因為重心在下面，因此比肉更適合搭配醬汁。搭配料理一起喝會比單獨喝的時候更能感覺出酸味。適合搭配紅酒多一點，番茄醬少一點的醬汁。

Campo Citoli Valpolicella Superiore Ripasso 2011年

酒莊／廠：I Campi
產地：義大利／威尼托（Veneto）
葡萄品種：科維諾尼（Corvinone），羅蒂內拉（Rondinella），其他（紅）
參考商品

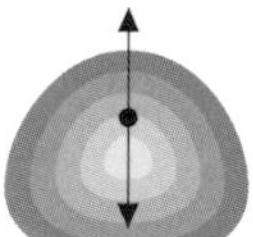

由許多種葡萄混栽混釀而成的Valpolicella非常適合味道複雜的料理。裡面又有加入風乾葡萄的Ripasso釀造法，讓酒精的濃度更高，味道感覺更大，口感豐腴，味道濃郁。因為有葡萄乾的甜味，因此相當適合搭配西式餐廳裡的紅酒燉牛肉。

Barolo 2010年

酒莊／廠：Fontanafredda
產地：義大利／皮蒙特／阿爾巴（Alba）
葡萄品種：奈比歐露（Nebbiolo）（紅）
建議售價（不含稅）：開放價格
進口商：Monte Bussan

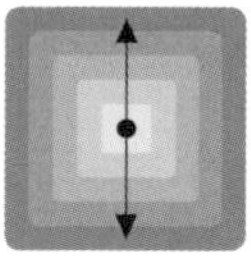

重心在中央，結構沉穩，味道感覺相當大。單純只喝葡萄酒可能會覺得味道淡又酸，可是一旦搭配料理，不但暗藏的甜味能展現風華，同時更能提升肉本身的美味。十分複雜的風味，能夠和料理的多項要素連結。適合紅酒較多的醬汁。

關東煮

重心低、圓形、感覺大的擴散型
湯頭的鮮美是關鍵

關東煮，有種獨特氛圍的料理。明顯地這是屬於冬天的味道，並且總讓人覺得適合的時間、地點、場合相當有限。

以味道的樣貌而言，這應該是大家都很熟悉的味道。除了沙丁魚丸以外，大部分的材料重心都偏低。因為含有相當多的水份，因此形狀是圓的。此外，湯頭的味道會慢慢地滲透出來，所以味道的感覺是大的。然後因為是用煮的料理，因此屬於擴散型。

關東煮在日本關東和關西是兩種完全不同的味道：濃味醬油&柴魚所熬煮的湯頭，以及薄味醬油&昆布所熬煮的湯頭。柴魚和鮪魚是同一類，因此重心偏高，即使做成柴魚片重心也一樣偏高。而昆布則是從海底生長出來的東西，因此重心偏低。關東的關東煮和關西的關東煮所適合的葡萄酒重心也不一樣。

當我們在選擇葡萄酒以搭配料理的時候，通常是與料理的主食材做搭配。例如假設是紅酒燉牛肉，則搭配的是牛肉而不是裡面的洋蔥或磨菇。但是如果是關東煮，那麼主食材應該是什麼呢？譬如竹輪麩（ちくわぶ），這不是小麥粉做的嗎，那麼吃起來是小麥粉的味道嗎？還是應該是裡面吸得滿滿的湯頭的味道呢？想必應該是後者才對吧！？也就是說，關東煮的主食材其實應該是湯頭。這一點一定要特別注意才行。

雖然大部分的葡萄酒都是以時尚或是正式的居多，而適合像關東煮這樣暖呼呼的葡萄酒很少，不過，刻意享受這樣的落差應該也很不錯。

適合搭配的3款葡萄酒

Randersacker Sonnenstuhl Silvaner（Tradition）2012年

酒莊／廠：Stoerrlein & Krenig
產地：德國／法蘭肯（Franken）
葡萄品種：希瓦那（Sylvaner）（白）
建議售價（不含稅）：3,200日圓
進口商：Herrenberger Hof

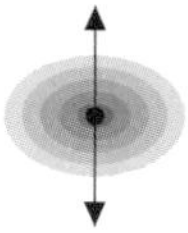

重心大多偏低，味道稍微偏圓，口感柔軟、香氣樸實的希瓦那，是相當適合關東煮的德國葡萄品種。會特別讓酸度降低的砂岩雖然很不錯，但是這一款的葡萄園是石灰土質，因此性格會比較尖銳。適合將香氣的鮮味和強勁的酸味熟成，使口感變得柔軟後再飲用。

Pommard Vielles Vignes 2011年

酒莊／廠：Fanny Sabre
產地：法國／勃根地
葡萄品種：黑皮諾（紅）
建議售價（不含稅）：6,800日圓
進口商：TERRAVERT

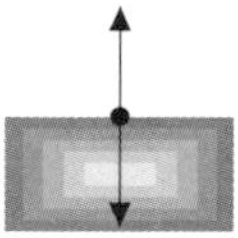

是相當有包容力和沉靜感的Pommard，是一款搭配關東煮也不錯的勃根地葡萄酒。不過像這樣的酒在年輕的時候香氣十分華麗，丹寧和酸味也非常強勁，形狀呈現四角形。如果放20年左右讓它熟成，則能散發出鮮美，形狀變圓，味道會變得更好喝。

Bourgogne Côte Saint-Jacques Pinot Gris Rosé 2013年

酒莊／廠：Alain Vignot
產地：法國／勃根地
葡萄品種：灰皮諾（粉紅）
建議售價（不含稅）：2,890日圓
進口商：Azuma Corporation

不強調高低起伏，也不刻意修飾，相當樸質而柔軟的品種—灰皮諾。由單一品種釀造的葡萄酒很難搭配食材多變的料理，但是只要有像灰皮諾那樣的包容力就沒問題。重心低、擴散型、沒有酒芯，不論搭配白蘿蔔或是竹輪（ちくわ）都很不錯。

煎餃

包住多種食材，
口味相當複雜的料理

最受歡迎的料理之一。價格也便宜，一般人的話通常只會想到「啤酒～」，然後就沒了。完全沒考慮過是否也可以搭配葡萄酒。

其實煎餃是相當有趣的料理。由低重心食材的豬肉和高重心食材的白菜或韭菜做成渾然一體的內餡。因為是黏稠狀，所以基本上是屬於擴散型，但是因為是把周圍包起來然後用火煎的關係，因此也算是集中型。也就是說，以味道的樣貌來看，這是目前所有登場的料理當中最複雜的一道。

將醋、醬油和辣油混合以做為煎餃的最終調味也十分特別。如同之前說過很多次的一樣，料理與葡萄酒的酸度如果不合，那麼絕對無法成為非常好的搭配。因此，能夠自己微調料理的酸度，在與大多味道偏酸的葡萄酒搭配時，這會是相當有利的一點。

煎餃的種類也有非常多種。有肉餡非常多的，也有包著很多菜的。如同各位都知道的一樣，如果是前者，則適合搭配重心低的葡萄酒；如果是後者，則可以挑重心高一點的。即使是完全同一種的餃子，如果搭配重心低的葡萄酒，則能夠聚焦於肉的濃厚感；如果是搭配重心高的葡萄酒，則可以引出蔬菜的清淡味。

最後，有個最好的方法能夠挑選出適合的葡萄酒，那就是盡量選由多種葡萄混合釀造而成的葡萄酒。雖然一這樣說，就某種意義上好像就被這料理給打敗了，但是真的不知道該如何挑選時，那就選混合酒吧！

適合搭配的3款葡萄酒

Lambrusco Grasparossa di Castelvetro （Seco） N.V.＊

酒莊／廠：Cantina Vini Casolari
產地：義大利／埃米利亞-羅曼尼亞（Emilia-Romagna）
葡萄品種：藍布魯斯科（Lambrusco）（紅 氣泡）
建議售價（不含稅）：1,780日圓
進口商：Azuma Corporation

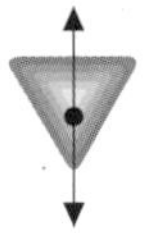

丹寧襯托出外皮吹彈可破的質感，並且能適當地除去掉脂肪。比起豬肉更適合讓焦點聚集在高麗菜、韭菜或是薑絲等蔬菜上。此外，氣泡則讓香氣和味道更加輕柔，即使20顆還是30顆餃子都吃得下。至於醬料，可以多放一點醋和辣油。

Edelzwicker ”J” 2012年

酒莊／廠：Gerard Neumeyer
產地：法國／阿爾薩斯
葡萄品種：灰皮諾，歐塞瓦（Auxerrois），希瓦那（白）
建議售價（不含稅）：1,580日圓
進口商：Wine Curation （京橋wine）

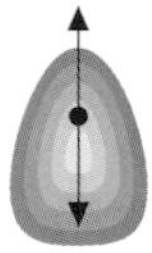

以重心低的希瓦那為底，再混合灰皮諾和歐塞瓦，讓味道具有上下的垂直性，因此不論是重心在下的豬肉，還是重心在上的高麗菜或韭菜，都能夠完全地涵蓋這些由上到下分佈的各種不同重心。些微的甘甜則能引出豬肉的甜味。

Morgon 2011年

酒莊／廠：Domaine Ruet
產地：法國／勃根地／薄酒萊
葡萄品種：嘉美（紅）
參考商品

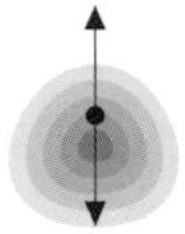

葡萄園的海拔較低，從石灰到頁岩混雜著各式各樣土質的Morgon。在內側果實柔軟的甘甜與強勁的丹寧混合，和餃子內餡的要素非常類似。由整串葡萄發酵所帶來的些許莖味與韭菜能互相搭配，提升了整體的香氣，表現相當出色。

＊ N.V.是Non Vintage（無年份）的縮寫。用來表示由許多不同年份混合釀造而成的葡萄酒。

海鮮沙拉

面對多種食材的分散感 應該要如何搭配呢

料理是多種食材的集合體。如果是紅酒燉牛肉，可以花一段時間讓各種食材的味道彼此浸透；如果是餃子，則只要一律將食材變成餡然後讓它們一體化。那麼如果是海鮮沙拉呢？蝦子、章魚以及魚類原本就和萵苣等蔬菜之間沒有交集。即便使用醬料做搭配，在準備要吃的時候，還是會覺得海鮮和蔬菜的味道實在是沒有融在一起。究竟海鮮沙拉的主食材是什麼呢？如果是海鮮的話，那麼應該單純是涼拌海鮮而不是沙拉。既然是叫做沙拉，如果蔬菜不是主角，那不是很奇怪嗎？不過，很多人付錢又好像主要是為了海鮮而非是為了蔬菜。

基本上，像這樣的問答其實是沒有意義的。就和餃子一樣，不知如何是好時，那麼就選由多種葡萄混合的葡萄酒吧！沒錯，只要讓葡萄酒裡的多種葡萄品種能夠搭配海鮮沙拉的多種要素就行了。

接下來，讓我們來看看料理的重心與葡萄酒的形狀之間的關係吧！蝦子和章魚是海底生物，因此重心在下。甜椒和番茄在中央。萵苣和芹菜在上面。所謂的海鮮沙拉，是這3種重心重疊在一起的東西。因此，為了能和這3種重心互相結合，葡萄酒的形狀必須要是直長形的才行。形狀容易成直長形的葡萄酒，通常是同時採收多種品種，然後一起發酵、釀造而成的葡萄酒。

適合搭配的3款葡萄酒

Rosé de Léoube 2012年

酒莊／廠：Château Léoube
產地：法國／普羅旺斯／普羅旺斯坡地
葡萄品種：格那希，仙梭，希哈，慕合懷特（Mourvèdre）（粉紅）
建議售價（不含稅）：3，200日圓
進口商：TERRAVERT

形象完全符合普羅旺斯。典型的細長，肌理細膩，香氣也相當纖細且華麗，散發出高貴感。由多種葡萄釀造，使味道能上下延伸而和料理全部的食材都有交集，不過酒的重心稍微偏上，因此更適合聚焦於蔬菜的滋味。

Evolution N.V.

酒莊／廠：Sokol Blosser
產地：美國／奧勒岡州
葡萄品種：灰皮諾，雷斯林，蜜思嘉，格烏茲塔明那（Gewürztraminer），米勒-圖高（Müller-Thurgau），榭密雍，夏多內，其他（白）
建議售價（不含稅）：2，100日圓
進口商：ORCA International

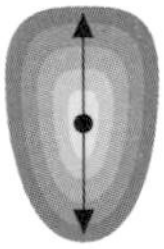

7種葡萄所釀造出的白酒。像希瓦那、灰皮諾、格烏茲塔明那，夏多內那樣有黏性和甜味的葡萄品種能夠將味道聚焦在蝦子和章魚身上，然後引出食材本身的濃郁和甘甜。雖然味道整體是圓形的，但是由於是上下伸展的關係，因此和蔬菜也能產生交集。

Alter Weingarten Gemischter Satz 2012年

酒莊／廠：Weingut Mehofer
產地：奧地利／下奧地利州（Niederösterreich）／瓦格拉姆（Wagram）
葡萄品種：早紅維特利納（Frühroter Veltliner）、塔明娜（Traminer）、白蘇維翁、希瓦那、蜜思嘉（白）
建議售價（不含稅）：2，340日圓
進口商：Azuma Corporation

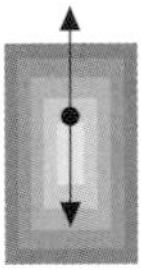

因為是混栽混釀，所以非常適合搭配多種食材所構成的料理。清爽的質感、淡淡的草本香氣、較高的酸味，然後味道擴散開般地伸展，相當適合搭配拉沙。此外，由於味道的形狀呈現垂直，因此從重心在下的章魚到重心在上的蔬菜，全部都能包含覆蓋。

正面酒標是葡萄酒的履歷表

葡萄酒原來如此專欄②

——

解讀酒標的技巧

雖然酒標裡塞滿著龐大的資訊，但是這些資訊終究有如間接的暗號一般，因此需要特別解讀。

那麼，就讓我們來讀讀看右邊的葡萄酒酒標吧！首先，最上面的①是法定產區（Appellation）的意思。也就是以所限定的莊園的位置為基礎，並包括了品種、栽培方式和釀造法的相關規定。這個酒標的法定產區寫的是ALSACE GRAND CRU，因此我們可以知道這是來自法國的阿爾薩斯（ALSACE），由GRAND CRU（特級葡萄園）這樣的優質莊園所釀造出來的葡萄酒。接著便可以推測出：因為阿爾薩斯是北方的產區，所以喝起來應該相當暢快；因為是特級葡萄園，所以這款應該是味道感覺大、口感複雜且餘韻悠長的葡萄酒。

那麼，在51個被認定為特級園裡，究竟是由哪一個葡萄園所生產的呢？答案就標示在③：SCHLOSSBERG。由於莊園位在阿爾薩斯中最中間的位置，因此可以想像得出來在氣候上應該是不會太冷也不會太熱的中庸均衡的感覺。因為SCHLOSSBERG莊園的土壤是花崗岩，且葡萄的品種是雷斯林④，也就是說雖然是感覺直線垂直、酸味強的品種，但是味道的呈現應該會比較偏向圓形，酸味不刺激嗆鼻，香氣有如桃子一般。另外，因為是日照相當好的南面陡峭山坡，所以味道應該是成熟而柔軟蓬鬆但又舒

網羅各種情報的類型

①法定產區

②年份（採收的年份）

③產地、葡萄園

④葡萄品種

⑤酒莊／廠

⑥其他

歐洲酒標

新世界酒標

服暢快。最後，花崗岩風化後會同時變成砂和黏土，因此味道上應該同時會有乾爽的圓形和黏稠的四角形這兩種感覺吧！

採收的年份是2009年②。不會太辛苦的炎熱年份；酒精濃度高而酸度低，雍容的性格，應該會非常適合搭配烤肉。

酒莊PAUL BLANCK在SCHLOSSBERG所劃分的區塊是斜坡中央，因此重心是在中間。

就像這樣，非常的簡單。哪一種味道應該都能想像得到對吧！

不過，也不需要背下所有這些資訊。如果有不清楚的地方而阻礙了你推敲某支葡萄酒味道，例如「SCHLOSSBERG的土質是花崗岩嗎？」，那麼只需要直接向店員詢問，或上網查一查就可以了。

左上的是歐洲典型的不會標註葡萄品種的酒標，會這樣是因為在CONDRIEU這個產區其實也只能種植維歐尼耶葡萄的緣故。最上面使用花體字標示的則是在CONDRIEU當中被視為品質最好的莊園—Coteau de Vernon。

左下是澳洲的葡萄酒，請注意看一下⑥這個特釀名（Cuvée）*。John Riddoch是Coonawarra這個名產區的先驅。底下則有限定販售的字眼。看到這個，基本上就能推測出應該是特別高級的葡萄酒。在幾乎沒有類似Grand Cru（特級）的分類制度以及特定的評價還沒形成的新世界，這是用來區分等級的方法之一。

＊同一個酒莊生產多種類似的葡萄酒時，為了方便區分而所標示的名稱。

背面酒標會介紹葡萄酒的歷史等

背面酒標不只有那些讓人想撕掉的標誌和警語，裡面也有許多有用的資訊可幫助我們選購葡萄酒。在生產者想傳達想法而所寫的一長串文字當中，必須要挑出有用的資訊來做為挑選葡萄酒的判斷基準。

在左邊的夏多內葡萄酒的背面酒標裡，可以看一下第2行有「California（加州）」這樣的字眼。因為是在沿海，所以應該是屬於水邊的味道，圓滑而濕潤。然後是第3行的「small oak barrels（小橡木桶）」，代表味道有橡木桶風味。接下來是從第4行直接有寫「peach and mango flavors（桃子和芒果的味道）」，因此應該會給人熱帶水果、開朗樂觀的感覺。

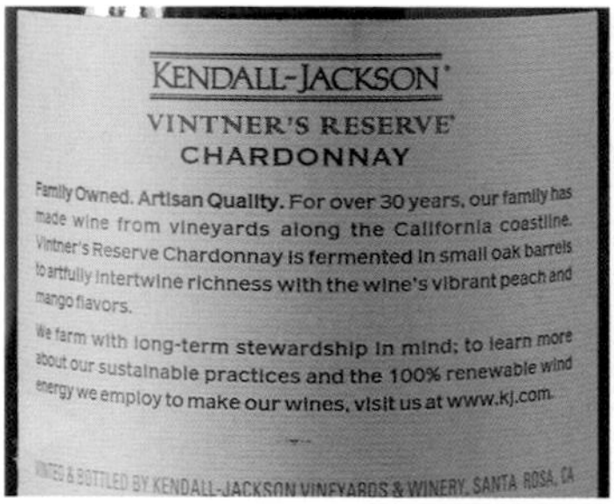

可說是美國基本口味之一的知名葡萄酒款。非常適合搭配辛香甘甜的料理。

右下是卡本內蘇維翁葡萄酒的背面酒標。第2行有「top of Spring Mountain（春山頂）」。山頂，屬於山邊的味道。第4行，標示的是栽種的「Riesling（雷斯林）」是德國的品種，所以這裡應該是屬於較冰冷的土地，酸味感覺滿強的。第8行的「dry-farmed」是無灌溉的意思，因此味道應該非常緊實。第9行有「red and rocky volcanic soil」，富氧化鐵而呈現紅色，且多岩石的火山質土壤。味道應該像是強而有力的四角形，重心在上，然後香氣濃郁。第11行有「structure and longevity」，指的是結構紮實，能夠長期熟成，因此單寧應該也會滿強的。而實際上，這兩款葡萄酒的味道也真的就和上面所寫的一樣。如果能夠再配合正面酒標的資訊，那麼挑選出想要的味道絕對不是什麼難事。

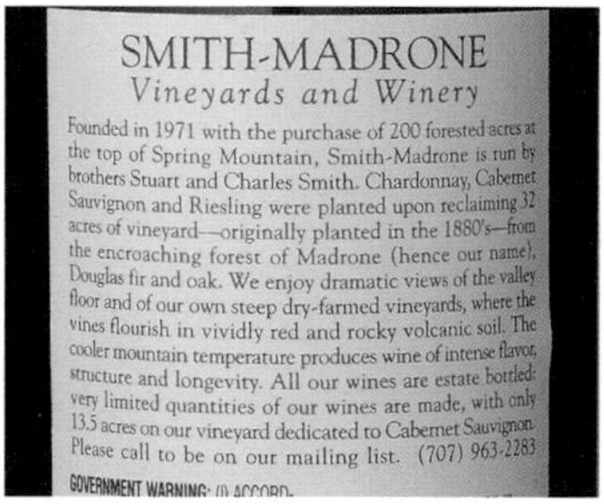

和最近流行的味道相反，帶有骨氣的男人味的卡本內。很適合看克林伊斯威特（Clint Eastwood）的電影時享用。

Hint_4
—
應用篇②

時間和地點若改變，
則在那裡的自己會是另一個不同的自己。
因此所選的葡萄酒也會跟著改變。

挑選適合的葡萄酒 來珍惜那無法取代的 瞬間

這世上沒有什麼是絕對的唯一，葡萄酒的味道也一樣。
與其討論葡萄酒的優劣或是自己的好惡，
倒不如努力將合適的葡萄酒擺在合適的位置來享用吧
全部的葡萄酒都有其意義並確實地扮演好自己的角色

不同季節所適合的葡萄酒「離別&相會」

品味春季

我們在時間裡生活。
隨著季節的推移變化，
我們的心境也會跟著改變。
在目前為止與從今以後的朦朧交界，
擁抱著發芽、花開、花落的春季

隨著季節的轉移，思緒如果改變，那沁透內心的葡萄酒也會和以前不同。葡萄酒受心境影響，同時也反映著心境。因此春天要喝適合春天感覺的葡萄酒，那明亮而充滿希望的春天。例如如果是草木剛發出新芽的春天，可以喝味道鮮明的葡萄酒，或是帶著新綠草本香氣的葡萄酒。如果是開著嬌小花朵的春天，則適合能讓人感受到纖細花香的葡萄酒。比起熟度更強調鮮度；比起粗線條更像是細線條；比起輪廓分明的原色更適合朦朧不清的粉彩，也就是說比起強勁濃郁的葡萄酒，更適合明亮、柔和淡雅的葡萄酒。此外，草木冒出新芽也象徵著受寒而瑟縮的身體終於開始展現活力。如果想增強如萌芽般的力量，那可以選擇位於山邊陡坡所產的葡萄酒。如果想提高那種朦朧春霞終於來到的期待感，那可以選擇位於水邊所產的葡萄酒。這種感覺的土壤會是具有上昇力、光明個性的砂土、火山灰或是黃土。適合的年份則以溫暖但不會太乾燥，酸味較低的年份為佳，例如2007年或是2011年。釀

AKITA
保呂羽Sparkling N.V.

酒莊／廠：保呂羽Wine
產地：日本／秋田
葡萄品種：（日本）國豐3號、其他（粉紅氣泡）

遠離人煙的山裡，火山性土壤的葡萄園。在這裡也栽種著山菜。輕柔、微微上揚的酸甜就像天邊的彩霞般，卻也能同時讓人感受到其堅強意志的葡萄酒。

Dolcetto d'Alba
2012年

酒莊／廠：Cascina Gramolere
產地：義大利／皮蒙特／阿爾巴（Alba）
葡萄品種：多切托（Dolcetto）（紅）
建議售價（不含稅）：1,980日圓
進口商：Azuma Corporatio

名字感覺很甜美（dolcetto在義大利文有甜點的意思），但喝了之後卻意外地能讓人感受到陰影。在一絲絲向內反應出困惑的感覺當中，流露出紮實的單寧和酸度所帶來的惆悵。

造方法則應該是輕度萃取、並且不帶橡木桶風味。適合的葡萄品種典型則有帶著草本香氣的白蘇維翁、艾爾巴路切（Erbaluce）、愛柏林（Elbling）、阿利歌特，以及帶著花香的蜜思嘉、菲亞諾（Fiano）、格雷拉（Glera）、阿內斯（Arneis）、肯那（Kerner）、弗萊帕托（Frappato）……等。

不過，開始之前是結束，相會之前是離別。就像名曲「殘雪（なごり雪）」所描寫的世界那樣。「欲問*梅香伊人處，只得春月照淚襟（『新古今和歌集』藤原家隆）」。有如被溫柔的暖意所包圍，卻隱藏起這樣姿態的碎冰。從指尖的觸碰讓人回想起過去的種種，卻只剩不發出聲的哀息與不被看見的淚水。這樣的心情，適合在輕柔與明亮中帶著神經質口感般的單寧和酸味；如果是這樣，那麼可以挑選含有石灰的土壤。這樣的感覺，又像是外向性格裡的空虛感，如果是這樣，那麼可以挑選氣溫高的擴散型年份。沒錯，挑選葡萄酒就像是在拆解由感覺所組成的聯立方程式一樣，關鍵則在於自己能夠多明確地知道那種感覺。

*日本和歌，原文：「梅が香に昔をとへば春の月こたへぬ影ぞ袖に映れる」。

不同季節所適合的葡萄酒「炎熱&清涼」

品味夏季

熱情照耀的太陽、曬得黝黑的笑容、
無垠的沙灘、椰子林蔭、讓人解渴的清涼！
就算說詞老套又何妨！
盡情享受這讓人期待的夏日氣息吧！

很多的知名葡萄酒產區都會有「等級分類」。簡單地說，就是將好的莊園和次級的莊園用等級高低加以分類。

好的莊園所產的葡萄酒，口感強勁碩大、風味複雜、高貴而餘韻悠長；相反地，次級的莊園所產的葡萄酒則味道簡單而舒暢。那麼，在任何情況下前者都是好的葡萄酒嗎？不，適合在海邊露台喝的葡萄酒會是後者。

因此，夏季不是個能夠用平常的評價基準來挑選葡萄酒的季節。夏天不需要很麻煩的表現。不要想太多，做就對了，這樣也沒什麼不好。人生，有時也很需要這樣。

夏天適合充滿活力、俐落暢快、果味豐富、讓人能感受到陽光的葡萄酒。夏天適合正向、快樂、容易懂的葡萄酒。如果這樣的話，那麼比起北國的葡萄酒，首先一定要先挑選來自南國的葡萄酒。

夏季的葡萄酒會有兩種適合的場景：去沖繩享受夏日陽光呢；還是

Primitivo Rosso
2011年

酒莊／廠：ALLORA
產地：義大利／普利亞（Puglia）
葡萄品種：普利米提沃（Primitivo）（紅）
建議售價（不含稅）：1,900日圓
進口商：中島董商店

讓人感受到樂觀的活力與能夠使人放鬆的品種，藉由澳洲釀造師的手，洗去陰暗與草根味，營造出更像夏天的明亮印象。

Vulcaia Sauvignon del Veneto 2012年

酒莊／廠：Inama
產地：義大利／威尼托（Veneto）
葡萄品種：白蘇維翁（白）
建議售價（不含稅）：3,200日圓
進口商：Pacific Yoko

由熔岩凝固而成的玄武岩土壤所散發出的熱力正適合夏天。不但保有這個品種才有的清涼感，同時也洋溢著威尼托特有的奢華感。

到輕井澤來避暑呢？在屋外烤肉呢；還是面對夏山的窗戶這一側，在冷氣房裡享受熱帶水果冰呢？雖然不論哪一個都是夏天，但是這兩種場景所體驗到的夏天卻截然不同，溫度感和清涼感也都不一樣。但是不管如何，一定都要能夠共同地感受到那絕對明亮又強而有力的太陽。

如果是前面的場景，那麼會適合純粹，溫暖國家的水邊，砂質土壤，酸度低的品種，炎熱年份所產的葡萄酒。首先可以從普利米提沃（Primitivo）、金粉黛、尼格阿馬羅（Negro Amaro）、格那希、瑚珊（Roussanne）、維歐尼耶等品種開始挑選。如果是後者的場景，則需要多一點巧思，像是產區陽光充足且酸味強勁的品種（例如南法的布爾布蘭（Bourboulenc）以及西西里島的奈萊洛瑪斯卡斯（Nerello Mascalese）等）；或是種植在寒冷的土壤裡，華麗而璀璨的品種（例如屬於石膏土質的格烏茲塔明那（Gewürztraminer）等）。在找出適合的葡萄酒之前，不妨先享受一下腦力激盪的樂趣。

不同季節所適合的葡萄酒「覺醒&黃昏」

品味秋季

秋高氣爽，
同時也是照見萬物的知性季節。
欲借月光映照人生，卻只有那讓人倍感
寂寥的「秋陽夕照下，海濱一茅廬」。

Riesling Stirn
2010年

酒莊／廠：Peter Lauer
產地：德國／摩澤爾（Mosel）
葡萄品種：雷斯林（白）
參考商品

來自於知名莊園Ayler Kupp坡面最上方的葡萄酒。嚴謹的生產者依照每個區域劃分釀造，表現出細緻而鮮明的礦石感。味道清晰而餘韻悠長。

想像一下能夠呼應清晰的頭腦與找回寧靜的內心，給人感覺舉止端莊、姿態優雅的葡萄酒：味道應該是垂直而呈現四角形的，沒有多餘累贅的新鮮果實味與清澈的香氣，質地紮實細緻，有著涼冽的單寧和酸味。表面的質感相當柔順溫和。

如果是紅葡萄，首先應該是味道洗鍊，來自於寒冷產區的卡本內蘇維翁。如果想再更進一步了解次要品種的話，皮格諾羅（Pignolo）、藍法蘭基許（Blaufränkisch）、托雅（Uva di Troia）、黑狐尾（Pallagrello Nero）等葡萄也很不錯。至於如果是白葡萄，那一定是雷斯林。其他像是白詩南、夏多內，或是梧弗雷（Vouvray）以及夏布利那樣，在有很多石灰的清涼土地的涼爽年份所釀造的葡萄酒應該也很適合。其他像是味道較烈的福

Conde de Los Andes Reserva 1995年

酒莊／廠：Paternina
產地：西班牙／里歐哈（Rioja）
葡萄品種：田帕尼奧（Tempranillo）、格那恰、瑪佐羅（Mazuelo）（紅）
建議售價（不含稅）：10,000日圓
進口商：Winery Izumiya

長時間熟成後才販售的葡萄酒。雖然漂著清涼氣息，但卻有著經年累月所培養出的兼容並蓄般開闊胸襟，且不凋零。

爾明（Furmint）或蘇維崔比亞諾（Trebbiano di Soave）也很值得推薦。

不過，秋季也是會讓人愈發寂寞、感到懊悔或是憂愁，然後進入一種普遍性的無常觀的季節。[*1]「身離俗世間，亦有動情心，雁飛湖畔處，秋日夕陽時」（『新古今和歌集』西行）。真是「到處皆然的秋日夕陽」啊。

適合這種心境景象的，應該是像「俐落女」品種在橡木桶裡長時間熟成，忘卻世俗繁華，悟得自他界線模糊般的葡萄酒。就像是努力探求「個人主義」，到了晚年則提出「則天去私」的夏目漱石般的葡萄酒。那樣的葡萄酒，首先浮現在腦海的是巴羅洛陳釀（Barolo Riserva）以及蒙塔奇諾布雷諾陳釀（Brunello di Montalcino Riserva），然後是20年以上熟成的蘇維翁或是勃根地的紅酒。如果有人問買了葡萄酒然後置於自家熟成的意義，那麼我會說那是為了用自己的意念來體會[*2]「一眼望穿去，無花無紅葉，秋陽夕照下，海濱一茅廬」（『新古今和歌集』藤原定家）。

＊1 日本和歌，原文：「心なき身にもあはれは知られけり 立つ沢の秋の夕暮れ」。
＊2 日本和歌，原文：「見渡せば花も紅葉もなかりけり浦の苫屋の秋の夕暮」。

不同季節所適合的葡萄酒「緊繃&鬆弛」

品味冬季

眺望褪去顏色後的雪山風景，
想要舒舒服服地躲進自己殼裡的季節。
然後讓圍爐裡的火照映著臉龐，
並與夥伴們徹夜長談。

在黑白的冰凍世界，能徹底凝視自己的冬季。這時候如果有葡萄酒在身旁，即使在黑暗中也能夠清楚地知道自己所在的位置。在意志快要消沉的時候，葡萄酒能帶給我們力量。能夠替代逐漸衰微的太陽的，是葡萄酒裡所積蓄的能量。只有冬天才能讓我們深深地感覺到有葡萄酒真好。

想要嚴肅地面對自己的時候所喝的冬季葡萄酒，應該是蘊藏著強大的能量卻充滿理性，無聲無息的寂靜向遠處延伸而一望無際的感覺。

那麼，首先浮現在腦海的會是就像寒雪般的白色石子，也就是由石灰土壤所釀造的葡萄酒。品種則是讓人想到慢慢長夜的紅色並帶著嚴肅感的卡本內。不過，由於卡本內蘇維翁一般無法栽種於石灰土壤裡，因此適合的會是它的母親，也就是卡本內弗朗。由此品種與石灰土壤組合而成的，首先想到的會是羅亞爾河谷地的希儂（Chinon）丘陵地所產的葡萄酒，再來則是波爾多的

Chateau Ausone 1996年

產地：法國／波爾多／聖特美隆
葡萄品種：梅洛、卡本內弗朗（紅）
參考商品

純粹、怡然，有透明感的年份加強了即使伸手也無法拉近的距離，超脫的高貴氣息。讓人舒服的硬質感。

聖特美隆丘陵地所產的葡萄酒。

不過，冬季同時也是適合待在溫暖的房間，圍著熱呼呼的火鍋的季節。和冰天凍地的外面相反，這時會想喝的應該是讓人能夠特別感覺到溫暖的葡萄酒。比現在更巨大，彷彿就像是用棉襖包裹住整個身體般的滋味。如果是這樣，那麼應該會是普利亞的尼格阿馬羅（Negro Amaro）葡萄，彷彿是用溫暖的氣溫以及品種本身就有溫熱感來覆蓋住石灰質土壤的冰冷一般。如果是能帶給人溫暖印象的葡萄酒代表，那麼則是南隆河區的格那希所產的葡萄酒。這是因為其酒精濃度高達14度以上，可以使人感受到溫暖的緣故。

不過，不管是哪一種情景，最重要的是味道的感覺要夠大。在第一種情景中，如果葡萄酒一旦給人感覺味道小的話，那麼將無法感受到葡萄酒所帶來支持力量，而讓人變得不安。如果是第二種情景，那麼也無法讓人有被葡萄酒包圍著的感受，只會有寒冷的感覺飄盪在空氣中。因此，冬季比較適合登場的會是價格稍貴的知名葡萄酒。

Salice Salentino 2012年

酒莊／廠：Feudi di Guagnano
產地：義大利／普利亞
葡萄品種：尼格阿馬羅、馬爾維薩奈拉（Malvasia Nera）（紅）
建議售價（不含稅）：2,300日圓
進口商：Azuma Corporation

就像織得疏鬆的厚毛衣般，適度鬆弛、粗糙而強勁的單寧。有著熱葡萄酒般的辛香和蜜棗的濃密果實氣味。

不同時間所適合的葡萄酒「白天&黑夜」

品味一天

在陽光照射的露天餐桌享受午餐，
在隱蔽的葡萄酒吧裡調情私語，
雖然是同一天，但選的葡萄酒也會不一樣。
而能讓這些時間盡興的也正是葡萄酒。

Grüner Veltliner
Grosser Satz Kremstal 2013年

酒莊／廠：Weingut Muller-Grossmann
產地：奧地利／下奧地利州（Niederösterreich）／克雷姆斯谷（Kremstal）
葡萄品種：綠維特利納（Grüner Veltliner）（白）
建議售價（不含稅）：1,980日圓
進口商：Azuma Corporation

有著開朗的活力感、流暢的輕盈、舒服的濃密果實和清爽的香氣，以及暢快而不刺激的酸味。

提到白和紅，你分別有什麼樣的印象呢？例如感到光明的白和感到黑暗的紅、知性的白和艷麗的紅等，雖然每個人對顏色的印象都不一樣，但這裡想說的是：首先要好好地重視每個人都有的感受性，然後盡情地享受葡萄酒。

那麼，怎樣是適合白天喝的白酒呢？那樣的酒款一定會和適合春天或夏天喝的葡萄酒重複：品種能感受光亮與色彩，有著彷彿積極向上伸展般的花香或新綠香氣，重心從中央往上行走，然後味道一目瞭然，砂質或黃土的土壤，淡雅的酸味，清爽的薄度，感覺小的味道。綜合以上的特質，就是適合在白天喝的葡萄酒。這樣的葡萄酒，應該和午餐吃的一般料理也會很搭配吧！

如果白天想喝的是紅酒，首先可以先挑顏色淡的紅酒。這個只要將瓶頸的部份對著光線照射，然後看看透光的情形就能知道。像是草莓那樣鮮紅色的顏色，會比黑紫色或

Barolo Bricco Boschis 2008年

酒莊／廠：Cavallotto
產地：義大利／皮蒙特
葡萄品種：奈比歐露（紅）
建議售價（不含稅）：7,800日圓
進口商：TERRAVERT

喝的時候能漸漸顯現其細緻深度，讓人感覺相當從容的葡萄酒。重心低、帶黏性，從體內慢慢地充滿力量。

紅褐色更適合在白天喝。

如果是夜晚喝的葡萄酒，不管是白酒或紅酒，最好選秋冬系的，複雜，但靜下心品嚐則箇中滋味就能逐漸湧現般的酒款。比起撲鼻的高重心，更適合能確實地充滿在腹部的低重心。這樣的紅酒，首先讓人想到的是黏土的莊園所產的紅酒。如果想恢復疲勞，那麼可以選位於水邊的隨和男品種。相反地，如果是想要獲得力量，那就可以考慮看看位在山邊的俐落女品種。

另外，適合夜晚喝的葡萄酒和適合秋冬喝的葡萄酒有所不同，其相異之處在於夜晚的葡萄酒給人一種更為冶豔的感覺。由於每個人對事物的感受性差異甚大，因此很難具體舉例，但是一般似乎很常以由勃根地的黑皮諾所釀造的高級葡萄酒做為代表。像那樣的葡萄酒，香氣濃烈，單寧和酸味既強勁又柔軟，此外還巧妙地具備了侵入肌膚般的神經質感，餘韻相當悠長，後味則讓人情緒高漲。這世上，應該有不少人會想踏上這危險旅途吧！

不同對象所適合的葡萄酒「自己&自己」

面對自己

即使一個人喝，也不會是「悲傷的悶酒」。
釐清問題然後給予力量，或是溫柔地給予慰藉。
基本上，葡萄酒是性格開朗的酒！

即使一個人自己喝葡萄酒，也能讓時間過得既充實又有意義。葡萄酒彷彿會隨著時間而展現出各種滋味，相當地具有複雜性。

傳統上在評斷「優質」葡萄酒的基準中會包括複雜性這一項。因此，只要是分類在高級、歷史悠久的名產區、得過冠軍、評價高的葡萄酒，幾乎都具備了這樣的複雜性。

像這樣的葡萄酒，往往會因為昂貴有名而在應酬宴客等讓人意識無法集中的情況下被喝掉；就我自己而言，像那樣的酒唯有在一個人喝的時候，才能夠體會出其真正的價值。

另一個會想要自己喝酒的動機，那就是想獨自面對自己、解決問題，然後希望從煩惱中解脫的時候。在這種時候的葡萄酒，通常會越喝越迷惘，成為誘往墮落的東西而使人苦惱。適合這種時候的葡萄酒，其實應該要有理性能壓抑一時的情感，讓人感到有規範，使條理和藍圖清楚，然後將基準固定於中心，並能聚焦的味道。因此，可以挑選由「俐落女」品種所釀造，形狀是四角形，重心在中央，分佈屬於集中型，然後在涼爽的年份所產的葡萄酒。像是在波爾多被評定為高級的葡萄酒，或是來自德國知名莊園的口感較烈的雷斯林都很值得推薦。

另外，如果是身心感到疲憊時，則需要能夠成為活力來源的葡萄酒。從這個目的來看，地中海各國那樣日照充足的地方所產的葡萄酒，或者是多石塊的葡萄園所產的葡萄酒應該都會非常適合。前者的能量來自天空，而後者的能量來自大地。如果到生產昂貴的頂級葡萄酒莊園看看，通常會發現那裡是陽光普照且多石塊的。

日本也有其他國家所沒有而相當出色的葡萄酒。

那就是從古老的繩紋時代開始，做為滋養補身藥來喝的山葡萄酒。

能讓你客觀地思考事情，冷靜地審視問題的葡萄酒

Chateau Margaux 2008年

產地：法國／波爾多／瑪歌
葡萄品種：卡本內蘇維翁，梅洛，小維鐸（Petit Verdot），卡本內弗朗（紅）
參考商品

由劃分成多達數十個區域所產的原料而釀造出的葡萄酒，將這些多樣化的味道整合成完全沒有任何混濁感的完美一體，努力的汗水卻不顯露於外表，是充滿智慧而相當費功夫的做法。嚴肅的垂直線以及溫和的水平線這兩個不同方向的力量互相重疊，從這當中浮出相當具有美感的和諧。單寧和酸度分明、只有暢快涼爽的年份才有的舒服緊繃感。

療癒疲憊的身心…能讓人恢復精神的葡萄酒

另外，還有一種利用不同的釀造方式而將能量加壓的葡萄酒也很值得推薦。那就是讓酒經過二次發酵，接著將氣泡（或許還有能量）封閉在瓶子裡的香檳酒。香檳雖然經常在宴會的場合飲用，但是其真正的可貴之處只有在一個人喝的時候才能明白。

Veuve Clicquot Rose Label

酒莊／廠：Veuve Clicquot
產地：法國／香檳區
葡萄品種：黑皮諾，夏多內，皮諾美湼（Pinot Meunier）（粉紅 氣泡）
建議售價（不含稅）：7,500日圓
進口商：MHD Moët Hennessy Diageo

酒精發酵就像是酵母將自己的生命能量轉寫進葡萄裡的過程。因此，會進行二次發酵的香檳是屬於高能量的飲品。特別是強健沉著的粉紅酒，其充滿活力又不會太過圓潤的風格，非常適合想恢復元氣的人。

為兩人之間搭起橋樑

葡萄酒有如平安時代的和歌。
不能說出口的事情，只要用葡萄酒就能傳達心意。
葡萄酒能夠拉近兩人的距離，使彼此的關係更加圓潤。

「夫和歌者，託其根於心地，發其華於詞林者也」。這是古今和歌集序的開頭。不過所謂的詞林，並不是只侷限於那狹義的詞彙。葡萄酒事實上也是一種「詞彙」，而其存在的理由以及意義的來源則在於人的內心。「和夫婦、慰武士者，和歌也。」，然後是葡萄酒。

當你在挑選與對方共飲的葡萄酒時，其實也就是在用你所挑選的葡萄酒來表達你的思慕之情。那是一種誠摯而又充滿甜蜜的發想與實踐。

[*1]「窺得山櫻雲霞間，思慕伊人在一方」（『古今和歌集』紀貫之）。這是純粹且非肉體的遙想，但是卻信念堅定而意識集中，也就是說是屬於四角形的集中型。彷彿淡淡溫暖的卡本內粉紅酒在湖面上那霧所化開之處若隱若現一樣。如果是「[*2]殘花漸落猶能見，君心凋零未可知」（『古今和歌集』小野小町）的話，應該就是那雖然有著繽紛花色，卻包藏著嚴厲和陰暗的馬沙內（Marsannay）或是黑詩南（Pineau d'Aunis）的粉紅酒吧！

[*3]「深舟漁夜釣，燈火忽暗明，遠君依稀見，思念始纏綿」（『小倉百人一首』式子內親王）。如果是想表現出隱藏在天真爛漫背後的激動和陰影，那麼可以飲用南義大利火山土壤的粉紅酒。能讓人期待後續發展，口感複雜的混栽混釀的葡萄酒，由帕萊特（Palette）粉紅酒那感官性的香氣裡所包藏的強勁也很不錯。[*4]「思君入枕眠，夢裡猶相見，若知此非真，寧做夢中人」（『古今和歌集』小野小町）。

這時候適合水邊的砂地，味道感

＊1　日本和歌，原文：「山 霞の間よりほのかにも見てし人こそ しかりけれ」。
＊2　日本和歌，原文：「色見えで移ろふものは世の中の人の心 の花にぞありける」。
＊3　日本和歌，原文：「沖深み釣する海士のいさり火のほのかにみてぞ思ひそめてし」。
＊4　日本和歌，原文：「思ひつつ ればや人の見えつ らむ 夢と知りせば めざらましを」。

用甜蜜包圍住澎湃內心的葡萄酒

覺小而圓，帶有清澈香氣的擴散型葡萄酒。例如呂內爾（Lunel）的蜜思嘉，或是來自新錫德爾湖（Neusiedlersee）的茲威格（Zweigelt）葡萄所釀造的粉紅酒都非常適合這樣的意境。如果是在黑暗中摸索與不安的「闇裡相依偎，不及夢裡真」[*1]『古今和歌集』よみ人しらず），那麼就適合雖然顯露出未來的風華絕色，但現在則呈現封閉、堅硬滋味的皮蒙特紅酒。[*2]「但求

Prosecco Treviso Extra Dry N.V.

酒莊／廠：Marsuret
產地：義大利／威尼托（Veneto）
葡萄品種：普洛賽克（Prosecco）（白 氣泡）
建議售價（不含稅）：2,400日圓
進口商：TERRAVERT

不會過強的氣泡，柔軟的酸味。讓人感覺有如小羊毛般的絨毛質感。低酒精濃度。淡淡的溫柔花香。這種微微的溫暖、這種曖昧的距離，讓人進退失據，剪不斷理還亂。在這樣無法解決的過程當中，卻反而能讓人享受到彷彿將自己置於半空中般的混沌不明所帶來的舒服感。

只要在身旁，就能營造閒適安穩時光的葡萄酒

能與君相會，魂飛命消不足惜，但若能長伴左右，地老天荒把命存」（『小倉百人一首』藤原義孝）。花雖散落，但生命卻持續著，扎根大地讓溫暖的血液流動。如果是冀求比翼鳥和連理枝那樣的關係，那麼則適合細細地品嚐悠長、巨大，圓潤、強壯，由格那希所釀造出酒精強化的甘醇葡萄酒。

Gewurztraminer Zellenberg 2010年

酒莊／廠：Marc Tempé
產地：法國／阿爾薩斯
葡萄品種：格烏茲塔明那（Gewürztraminer）（白）
建議售價（不含稅）：4,000日圓
進口商：Diony

宛如香水般有著玫瑰和荔枝香氣的品種：格烏茲塔明那。不過那並非只是春天夢幻般的浮虛飄盪，而是利用生物動力自然法（Biodynamic）栽培與大型橡木桶發酵而成的葡萄酒，做為堅信充滿實在力量所引起的作用、做為發狂般的情感流露而讓濃烈的香氣直撲過來。那安定而帶著黏性的味道，同時也是其安身立命之所在。

＊1　日本和歌，中譯：「むばたまのやみのうつつはさだかなる夢にいくらもまさらざりけり」。
＊2　日本和歌，中譯：「君がため惜しからざりし命さへながくもがなと思ひけるかな」。

為帶動氣氛

葡萄酒比其他的酒類更具有充沛的活力。
因此非常適合用來帶動宴會的氣氛，
或是用來建立更積極的人際關係。
但是，如果選錯了葡萄酒，那麼可能會帶來反效果。

主辦人，您辛苦了。宴會的目的、參加的人、預算，接著是菜色和場子裡的氣氛等，要仔細計算由這些所組成的聯立方程式，然後選出適合的葡萄酒，這可說是十分地費功夫。

如果是一群人聚會的場合，那麼通常一定要有快樂又開朗的葡萄酒。如果是喝了會讓人陷入沉思、或是只會沉浸在兩人世界裡的，那麼即使是再好的葡萄酒，在選擇上也絕對算是失敗。

因此，應該要挑選炎熱的年份或溫暖的南國所產的葡萄酒。因為不需要任何的冰冷的嚴肅感，所以土地應該要不含石灰。氣泡酒也會很受歡迎，但是比起來自北國&超有石灰感的香檳區所產的葡萄酒，來自加州或義大利的葡萄酒其實更適合登場。澳洲或德國的氣泡酒基本上土質不含石灰，雖然也來自北國但是不會讓人感到嚴峻，因此也很推薦。

只要是人一多的場合，通常四周的音量都會很大，我們也會很容易被致詞、打招呼或是彼此的交談而分散了注意力，因此總是無法好好地感受葡萄酒的滋味。即使葡萄酒能夠餘韻悠長，但人的精神卻無法集中到最後，所以選擇在前半段就會讓人感受到衝擊的葡萄酒會比較適合這種場合。來自新世界且價位中等的葡萄酒很多都具有這樣的特質。順道一提，如果挑選的是平淡無奇的葡萄酒，做為一個葡萄酒迷那可是違反規則的。

以品種而言，如果是類似公司創立10周年紀念派對那樣目的正式的場合，那麼「俐落女」會比較適合。至於像是同學會等以大家歡樂

適度的刺激而不會太過，
適合正式場合的葡萄酒

相聚為主的場合，那麼則適合喝「隨和男」。假設要挑選的是來自溫暖的法國南部區域隆格多克（Languedoc）那強而有力、讓人易懂的葡萄酒的話，前者可以挑以希哈葡萄為中心，來自山邊的聖盧峰（Pic Saint Loup）葡萄酒；如果是後者，則可以挑選以格那希葡萄為主的水邊（相對地而言）所產的，來自蒙比利埃砂石地（Grès de Montpellier）的葡萄酒。

人多的聚會，不需要太多的資訊性。任誰都不討厭、普通的好品質

Meursault Cuvée Sélectionée 2011年

酒莊／廠：Domaine Latour-Giraud
產地：法國／勃根地
葡萄品種：夏多內（白）
建議售價（不含稅）：6,300日圓
進口商：ORVEARUX

帶著雍容大度氣質的夏多內葡萄品種。相當易懂，能夠穿梭於各式各樣的人當中，有著梅索村（Meursault）的濃厚礦石感。完全沒有讓人不安、曖昧或是不安定的感覺，味道相當光明磊落。這款葡萄酒雖然很有自己的特色，但是卻不會反客為主地支配全場，能夠感受出穩重成熟的協調感。這裡所需要的只有安心和信賴。

讓人放鬆心情，
營造歡樂氣氛，
適合私人聚會的葡萄酒

比較重要。

因此，大量生產者所釀造的葡萄酒其實還滿適合的。普通好喝，不會讓彼此距離太過貼近的比較好。有很多的葡萄酒迷可能會覺得像那樣的葡萄酒只不過是工業產品，而加以輕視，但這其實只是不會看場合、對現實沒有任何好處的想法。既然不是準備要來感念於生產者那驚天地般的執念或是泣鬼神般的情念，如果拿到了那樣的藝術品卻一直心不在焉，這反而對生產者才是一種失禮。

Lieu Dit Rosenberg Pinot Gris 2012年

酒莊／廠：Aimestentz
產地：法國／阿爾薩斯
葡萄品種：灰皮諾（白）
建議售價（不含稅）：3,400日圓
進口商：Azuma Corporation

由重心低而酸味少的灰皮諾所帶來的篤實舒適感。相當圓滑的甜美果實味。這款葡萄酒其恰到好處的淡薄，在許多人聚集的場合更能發揮效果，不會讓喝的人對葡萄酒的味道花太多精神，能夠慢慢地、輕輕地爽口潤喉。好像是故意擔任耍寶角色一般，那巧妙的目的合理性真是令人不能小覷。

Hint_5

實踐篇

讓這本書裡的知識成為你的幫手！
來去買葡萄酒吧！

看一看、 試一試吧！
今天的目的是找葡萄酒

一排排的葡萄酒。總之先挑品種和抓一下預算，
反覆地覺得「好像哪不對」的日子已經結束了！
先看看酒標有哪些資訊，然後推敲看看，今天的目的是找葡萄酒……
讓我們到百貨公司和超市來試看看吧！

Case 1

在百貨公司選購

適合帶去朋友家參加聚會喝的葡萄酒

在店裡挑選葡萄酒，總是讓人不知所措。為了改善這樣的狀況，讓我們實際到店裡就購買葡萄酒的案例研討看看。首先是百貨公司。主題是白天在朋友家所舉辦的，大家各自帶餐點和葡萄酒前往的聚會。

左邊是從松屋銀座的地下主通道之一所拍的葡萄酒賣場的照片。我們可以看到這個地方由三個部分所構成。

中央是一排桌子，葡萄酒則陳列在四周。看了一下價格，主要大約落在2千多到3千多日圓之間。右邊後面瓶子橫擺的玻璃櫃是從便宜到貴，一應俱全的氣泡酒專櫃。左邊後面的小房間則是價格從5千多到數萬日幣不等的葡萄酒。雖然氣泡酒好像也蠻適合聚會的，但是如果不叫店員就無法拿到酒看酒標，這樣一來就沒有辦法做判斷了。因為這一次的目的是希望能夠依照這本書所寫的內容，然後試著自己挑選適合的葡萄酒看看，因此就先讓我們從價格標籤裡有附解說的地方開始找找看吧。這樣一來，全部的商品只剩一成需要挑選了。

接著讓我們想想，因為要去的是朋友家的輕鬆聚會，那種場合應該不適合酸度高、緊繃、感覺銳利的味道對吧！也就是說像羅亞爾河谷地那樣冰涼的土地，或是像勃根地那樣的石灰土壤，以及卡本內蘇維翁之類的銳利品種都不要選。

不過不管是哪家店，櫃子裡幾乎超過一半都是感覺認真、質地堅硬、純粹而品格崇高，獨自鑽研求道般的葡萄酒。會這樣那是因為專家把面對葡萄酒視為工作，所以選出來的葡萄酒其味道當然也會很符合日本人的做事方法。因此，由溫暖的土地和年份、非石灰土壤、隨和男品種的輕鬆休閒的葡萄酒自然也就成為了少數。如此一來，那麼所需要挑選的葡萄酒也就只剩10款以內了。

我們既不知道聚會裡會出現什麼樣的料理，同時也希望一瓶葡萄酒就能搭配各種料理，因此，應該要

到松屋銀座的葡萄酒賣場看看

高級葡萄酒專區

雖然也有人說這是送禮或是只適合葡萄酒迷專用，但是其實一點都不用覺得害怕。只要知道自己喜歡是什麼樣的味道，那麼這裡會是座寶山。

氣泡酒專區

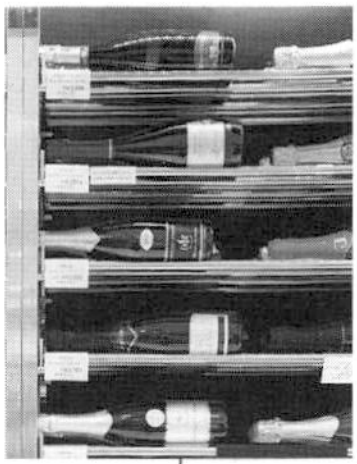

來自世界各地的氣泡酒齊聚一堂。從餐前酒到甜點酒一應俱全。可以和店員討論看看然後做出選擇。

日常餐酒專區

這個專區的葡萄酒，價格標示有附產區和味道的解說。首先記得要先好好地讀一讀這些標示。

也有試喝的葡萄酒。除了看看味道喜不喜歡之外，試喝之前也可以想想看有沒有哪些情況可能會適合這些葡萄酒。

挑選由多個品種混釀而成的葡萄酒。去除香檳區（石灰質土壤的冰冷產區）

以及波爾多（俐落的品種）之後，幾乎一半以上都是單一品種釀造的葡萄酒，這麼一來又比當初的選擇更少了。接下來因為價格標示上有寫著產區和品種，哪個是溫暖產區的多品種釀造的葡萄酒非常的簡單明瞭！用5分鐘所選出來的結果就是底下照片的這2款。

接下來是在高價專區，來挑選給自己做為獎勵用的葡萄酒看看吧！這個專區分成兩大部分：一個是按照年份順序排列的區域，一個是將高價酒分成白酒和紅酒的櫃子。先讓我們來看看區域裡的葡萄酒吧！

由於是給因為努力而得到應有成果的自己做為獎勵之用，所以味道不要太酸，能夠使人心情舒服，能感覺到時間的累積然後充滿能量的年份所產的葡萄酒應該會很適合吧！那會是2003年。這裡有聖馬丁（Clos Saint Martin）。被大的酒莊所包圍，位在地點很好裡的一小塊葡萄園。輕盈卻相當清晰。因為是來自波爾多的品種，所以感覺會滿銳利的。

另一款是來自上阿迪傑（Alto

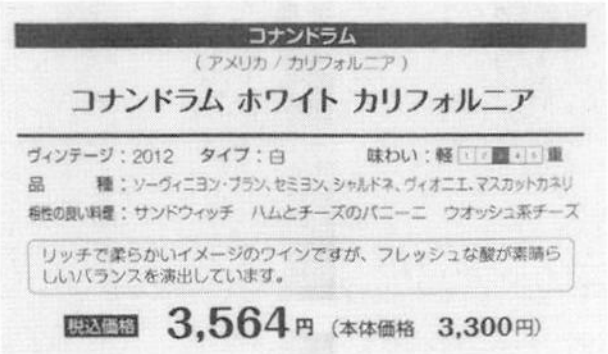
コナンドラム
（アメリカ / カリフォルニア）
コナンドラム ホワイト カリフォルニア
ヴィンテージ：2012　タイプ：白　味わい：軽 1 2 3 4 5 重
品　種：ソーヴィニヨン・ブラン、セミヨン、シャルドネ、ヴィオニエ、マスカットカネリ
相性の良い料理：サンドウィッチ　ハムとチーズのパニーニ　ウオッシュ系チーズ
リッチで柔らかいイメージのワインですが、フレッシュな酸が素晴らしいバランスを演出しています。
税込価格 3,564円（本体価格 3,300円）

謎語（Conundrum）

俐落女加上隨和男，5個品種的混合。背面酒標有說明葡萄園位於沿海。口感應該很圓潤的對吧！

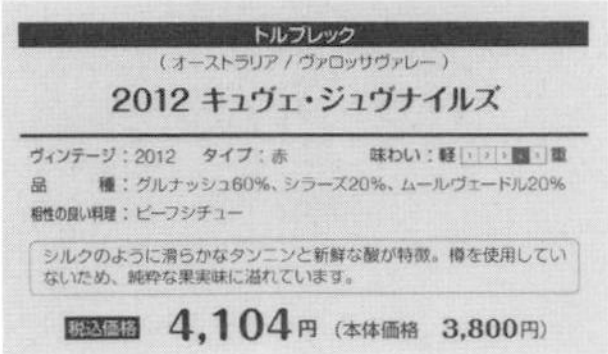
トルブレック
（オーストラリア / ヴァロッサヴァレー）
2012 キュヴェ・ジュヴナイルズ
ヴィンテージ：2012　タイプ：赤　味わい：軽 1 2 3 4 5 重
品　種：グルナッシュ60%、シラーズ20%、ムールヴェードル20%
相性の良い料理：ビーフシチュー
シルクのように滑らかなタンニンと新鮮な酸が特徴。樽を使用していないため、純粋な果実味に溢れています。
税込価格 4,104円（本体価格 3,800円）

托貝克（Torbreck）

澳洲的巴羅莎谷地是屬於溫暖的土地。品種是以隨和男的代表—格那希為主體，加上俐落女希哈和莫維多混合而成。

決定了！萬中之選

適合帶去聚會的推薦葡萄酒

溫暖產地的美國或是澳洲，有很多感覺歡樂明亮的葡萄酒，和這次主題非常吻合。在這裡，選擇多品種混合的葡萄酒是關鍵。

Adige）的黑皮諾葡萄酒。這款的土壤也是砂和石灰，因此口感一樣輕盈而清晰。因為是來自義大利感覺比較溫暖，所以沒有像勃根地那樣的嚴肅感。原本德語系（這裡原屬於奧地利）的黑皮諾大致上味道都相當沉穩而溫柔，因此非常符合想要獎勵跟慰勞自己的心情。

決定了！萬中之選

適合獎勵自己的推薦葡萄酒

聖馬丁（Clos Saint Martin）

丹寧強勁，質地確實，因為是海拔較高的斜坡莊園，因此口感非常順暢。

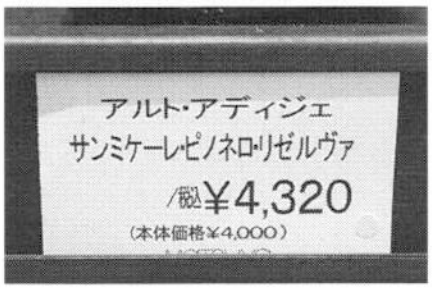

上阿迪傑（Alto Adige）

義大利的明亮與奧地利的洗鍊；山邊的嚴肅混合黑皮諾的性感。

＊關於本頁所介紹的商品請向松屋銀座本店（ 03-3567-1211 代表號）洽詢。唯依所洽詢的時間點，也可能會有無法購買的情形發生，造成不便之處敬請見諒。

希望能滿足所有顧客的需求！
藏有約850種類別的葡萄酒

松屋銀座地下一樓「Gourmarche Vin」

這個日常餐酒區的最大特色是將焦點放在能和松屋銀座引起共鳴的生產者身上，而非只著重在產區或是口味的表現；以哲學的角度來挑選葡萄酒。「享受人文與風土」，是這裡所想要傳達的訊息。即使是便宜的葡萄酒也會看得到生產者的想法以及土地的特色，認識並接受這些之後才能真正地理解葡萄酒。至於那些葡萄酒對我們的生活會有什麼幫助，則是你我的課題了。

松屋銀座
住 東京都中央區銀座3-6-1
電 03-3567-1211（代表號）
營 10:00～20:00
（全年無休 元旦除外）

Case 2
在超市選購

買外食一個人在家吃所適合的葡萄酒

不要把「食物與葡萄酒」想得太難。在一般的生活當中，我們透過一般的飲食行為，然後獲得健全又豐富的每一天。但是如果連這樣再普通不過的事都忽略了，那麼葡萄酒的迷人之處也將變得華而不實。而在我來看，成城石井好像也是這樣想的。

因此，這次的案例研討選擇的是超級市場「成城石井」。設定的主題則是一般日常生活的場景：「在下班回家的路上，買些簡單的食物當晚餐，接著挑選適合搭配的葡萄酒，然後在自己家裡好好享受」。

首先挑選了一下我喜歡的食品：泰式料理中的打拋雞肉飯和水餃，不依靠食品添加物的東西比較好對吧！

要選哪一款葡萄酒呢？全部只要按照本書的應用篇所學到的一樣即可：打拋雞肉飯的主食材是雞肉，所以重心在上。不過這道料理也有包含像是青椒和四季豆那樣重心在中央的食材，以及像米飯那樣重心多少有些偏下的食材。那麼，由重心從上到下的品種混合而成葡萄酒似乎會比較適合。因為是又甜又辣的料理，因此葡萄酒也必須要有能與之相對應的果實味和高香氣才行。

因為水餃的肉是豬肉，所以重心

辛辣的
打拋雞肉飯

辛辣的香氣與雞肉一起讓重心往上，米飯在下支撐，蔬菜則保持在中心所形成的料理。

水餃

和煎餃不同，從外皮到內餡都相當柔軟，因此不需要堅澀的單寧或橡木桶的氣味。

帕瑪森起司

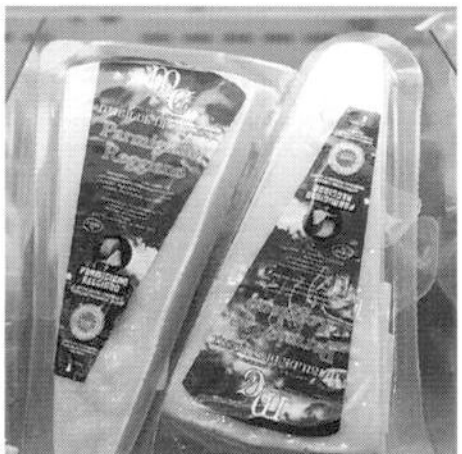

氨基酸的粗糙感與硬質感加強葡萄酒質地的強度，讓嚴肅的口感更加嚴肅。

到成城石井新丸大樓店看看

法國、義大利葡萄酒專區

義大利葡萄酒也非常豐富。很多是產自托斯卡尼以北，個性嚴謹的葡萄酒，相當符合成城石井給人的感覺

波爾多葡萄酒專區

從日常餐酒到高價酒，從年輕葡萄酒到陳年葡萄酒，都是豐富精彩的上上之選。

新世界葡萄酒專區

有非常多口感豐富的類型。在裡面的架上找到了可貝爾（Corbières）和布胡伊（Brouilly）的葡萄酒。

在下。由於是用水煮的，所以屬於擴散型，並且味道柔軟。因為內餡多汁，所以多多少少味道的感覺有點大。最後，記得搭配豬肉用的葡萄酒應該要有豐富的果實味。

腦海先有這樣的概念之後，接著實際到賣場來看看吧！從葡萄酒賣場的入口望去，左邊是義大利，正面是以波爾多為主、然後是高級勃根地，右邊則是美國和智利的葡萄酒。首先是搭配打拋肉飯的葡萄酒。多品種混和的葡萄酒在南法地區很多，因此找找看南法的葡萄酒，不久就看到可貝爾（Corbières—如左圖）葡萄酒了！價格適中，應該還蠻適合一個人買外食在家裡簡單吃的氣氛。

再來是吃水餃時喝的葡萄酒。讓我們來活用在「料理與葡萄酒的適合搭配」中所學到的東西吧！接著，就找到了：低海拔的薄酒萊的布胡伊（Brouilly—如右圖）所產的葡萄酒。如果已經具備讀解酒標的能力，那麼就可以知道布胡伊的海拔低；味道的重心也低；位置向南，所以富果實味；土質是砂和花崗岩，所以口感輕盈柔軟；年份是屬於擴散型；一般並不帶橡木桶氣味。你看看，這不是很像水餃嗎？

既然是特地到波爾多葡萄酒收藏非常豐富的店，波爾多非

適合打拋雞肉飯的推薦葡萄酒

南法的可貝爾葡萄酒有著溫暖地方才有的濃郁果味，並且同時也有著相當澄澈的清涼感。

適合水餃的推薦葡萄酒

價格穩定，優質，喝了讓人感覺沉穩，相當溫和的口感。以布胡伊為代表的薄酒萊產區（Cru Beaujolais）所釀造的葡萄酒，很適合在家享用而受到歡迎。

常適合「獨自面對自己」的時候飲用，那麼就讓我們也試著找找看有沒有價格適中的這類葡萄酒吧！

那樣的葡萄酒應該是會讓人感覺醍醐灌頂，餘韻悠長，能夠享受知性，整理思緒並讓內心靜下來的葡萄酒。因此選擇了葡萄園位在比較內陸所以口感清晰，砂礫的山丘所以排水良好而味道滑順的寶傑酒堡（Château Poujeaux）。年份則是涼爽的2008年。酸味的強勁與丹寧的堅澀，還有細緻的陰影讓人感到相當舒服，同時也更加強了下酒用的帕瑪森起司那味道堅硬的特質。

適合獨自面對自己時的推薦葡萄酒

如果容易記得產區的名字、位置，以及年份的話，波爾多是很容易選擇的產地。

以日幣1500圓左右的葡萄酒為主
典藏來自全世界，種類豐富的葡萄酒

成城石井

葡萄酒都是由擁有釀酒技術認證，也就是由取得專業葡萄酒栽培與釀造技術資格的工作人員與採購團隊所精挑細選的成城石井。在這裡有非常多能忠實地表現出各自產地的個性，並確保每個年份的品質穩定（這一點對初學者尤其重要！），且價格非常划算的葡萄酒。許多的葡萄酒都是自家進口，在流通管理上相當的確實。即使再好的葡萄酒，如果用馬虎的態度對待，那麼也是枉然。雖然是高級的波爾多葡萄酒但價格相當實在，這一點也很受到大家歡迎。

成城石井新丸大樓店
住 東京都千代田區丸之內1-5-1
新丸之內大樓地下1樓
電 03-5224-3901
營（平日）07:00～23:00
（周六）10:00～22:00
（周日 國定假日）10:00～21:00

＊關於本頁所介紹的商品請向成城石井新丸大樓店（03-5224-3901 代表號）洽詢。唯依所洽詢的時間點，也可能會有無法購買的情形發生，造成不便之處敬請見諒。

オルヴォー
東京都新宿區南山伏町 1-21
☎03-5261-0243
http://www.orveaux.co.jp/

オルカ・インターナショナル
東京都荒川區西日暮里 5-2-19-9F
☎03-3803-1635
http://www.orca-international.com/

機山洋酒工業
山梨縣甲州市塩山三日市場3313
☎0553-33-3024
http://kizan.co.jp/

木村硝子店
東京都文京區湯島 3-10-7
☎03-3834-1781
http://www.kimuraglass.co.jp/

ザ ヴァイン
東京都澀谷區恵比壽西 1-31-16-401
☎03-5458-6983
http://ja.thevineltd.com

サントリーワインインターナショナル
東京都千代田區永田町 2-13-5 赤坂エイトワンビル4F
☎03-3595-3861
http://www.suntory.co.jp/company/group/wine_inter/

スマイル
東京都江東區潮見 2-8-10 潮見SIFビル
☎03-6731-2400
http://www.smilecorp.co.jp/wine/

成城石井
℡0120-161-565
（成城石井お客様相談室　平日 10～18時）
http://www.seijoishii.co.jp/

中央葡萄酒
山梨縣甲州市勝沼町等々力173
☎0553-44-1230
http://www.grace-wine.com/

ディオニー
京都府京都市伏見區奈良屋町408-1
☎075-622-0850
http://www.diony.com/

デプトプランニング
東京都澀谷區神宮前5-29-9 めぐみハイマンション 202
☎03-5778-4020
http://www.cmacs.jp/31925/dept/

テラヴェール
東京都港區赤坂 4-1-31 アカネビル7F
☎03-3568-2415
http://www.terravert.co.jp/

採訪・攝影協力廠商

アストル
東京都千代田區神田錦町3-6 KS363ビル 1F
☎03-5283-7155
http://www.sa-astre.com/

アズマコーポレーション
東京都千代田區平河町 1-1-8 麹町市原ビル12F
☎03-5275-3333
http://azumacorp.jp/

アルカン
東京都中央區日本橋蛎殻町 1－5－6
盛田ビルディング
☎03-3664-6591
http://www.arcane-jp.com/

ヴァイアンドカンパニー
大阪府豊中市宮山町 1－7－5
☎06-6841-3553
http://www.vaiandcompany.com/

ヴィノスやまざき
静岡縣静岡市葵區常磐町 2-2-13
℡0120-740-790
http://www.v-yamazaki.co.jp/

ヴィノラム
東京都中央區銀座 1-15-4 10F
☎03-3562-1616
http://vinorum.jp/

ヴィレッジ・セラーズ
富山縣氷見市上田上野 6－5
☎0766-72-8680
http://www.village-cellars.co.jp/

エイ・ダヴリュー・エイ
兵庫縣西宮市高塚町 2-14
☎0798-72-7022
http://awa-inc.com

エノテカ
東京都港區南麻布 5-14-15 アリスガワウエスト
☎03-3280-6258
http://www.enoteca.co.jp/

エム・アンド・ピー
東京都品川區東品川 3-24-7
℡0120-177-763
http://www.mandpcorp.co.jp/

MHD モエ ヘネシー ディアジオ
東京都千代田區神田神保町 1-105 神保町三井ビル 13F
☎03-5217-9733
http://www.mhdkk.com/

三国ワイン
東京都中央區新川 1-17-18
☎03-5542-3939
http://www.mikuniwine.co.jp

ミナトワインインポート
東京都杉並區高円寺南 4-7-7
☎03-3315-1331
http://www.minatowine.jp/

ミレジム
千代田區神田司町 2-13
神田第4アメレックスビル7F
☎03-3233-3801
http://www.millesimes.co.jp/

モトックス
大阪府東大阪市小阪本町 1-6-20
📠0120-344101
http://www.mottox.co.jp/

モンテ物産
東京都澀谷區神宮前 5-52-2 青山オーバルビル
📠0120-348566
http://www.montebussan.co.jp

横浜君嶋屋
神奈川縣横濱市南區南吉田町3-30
☎045-251-6880
http://www.kimijimaya.co.jp

ラシーヌ
東京都新宿區三榮町18-20 パークサイド四谷 5F
☎03-5366-3931
http://www.racines.co.jp

ラ・ラングドシェン
東京都中央區東日本橋 1-9-10 TMEビル3F
☎03-5825-1829
http://www.lovewine.co.jp/

ワイナリー和泉屋
東京都板橋區板橋 1-34-2
☎03-3963-3217
http://www.wizumiya.co.jp/

ワイン・イン・スタイル
東京都千代田區四番町11-3 ヴェネオ四番町 1F
☎03-5212-2271
http://www.wineinstyle.co.jp/

ワインキュレーション（京橋ワイン）
東京都中野區中野 2－30－5 中野アーバンビル5F
☎03-6382-5073
http://www.mercom.co.jp/

トゥエンティーワンコミュニティ
東京都港區六本木 6-1-12 21 六本木ビル6F
☎03-5413-3211
http://www.21cc.co.jp/

中川ワイン
東京都墨田區江東橋 3-1-3 錦糸町タワーズ
☎03-3631-7979
http://www.nakagawa-wine.co.jp/

中島董商店
東京都港區麻布十番 1-5-30 十番董友ビル2F
☎03-3405-4222
http://www.nakashimato.com/

日本リカー
東京都中央區日本橋小網町 2－5 キリン日本橋ビル4F
☎03-5643-9770
http://www.nlwine.com/

パシフィック洋行
東京都中央區八丁堀 2-21-6 八丁堀NFビル7F
☎03-5542-8034
http://www.pacificyoko.com/

八田
東京都大田區大森北 6－25－18
☎03-3762-3121
http://hatta-wine.com/

BMO
東京都澀谷區恵比壽西 1－15－9 DAIYUビル
☎03-5459-4243
http://www.bmo-wine.com/

ファインズ
東京都澀谷區恵比壽 4－6－1 恵比壽MFビル6F
☎03-6732-8600
http://www.fwines.co.jp/

フィラディス
神奈川縣横濱市中區櫻木町 1-1-7 TOCみ等とみらい12F
☎045-222-8871
http://www.firadis.co.jp

ベリー・ブラザーズ&ラッド日本支店
東京都千代田區神田錦町 3-23 西本興産錦町ビル14F
☎03-3518-6730
http://www.bbr.co.jp/

ヘレンベルガー・ホーフ
大阪府茨木市蔵垣内 2-10-15
☎072-624-7540
http://tia-net.com/h-hof/

松屋銀座
東京都中央區銀座 3-6-1
☎03-3567-1211（代表）
http://www.matsuya.com/m_ginza/

取材・撮影協力廠商

157-156

結語

假設喝了２０１２年的恭得里奧（Condrieu），口感輕盈而味道雍容，和柔軟的雞肉慕斯十分搭配，感覺非常好喝。如果是以「某某莊園產的２０１２年恭得里奧很好喝」來作記錄，即使下次再喝的時候也幾乎不太可能能夠再得到一樣的滿足感。葡萄酒是一期一會的（一生僅有一次的相會）。每次喝的葡萄酒都不會再遇到第二次。因此，光是只有記葡萄酒的名字是沒有意義的，必須還要將味道以及會形成那樣味道的理由一起記住才行。「品種是維歐尼耶、靠近隆河的東南向的斜坡上面、花崗岩風化的砂質土壤、擴散型的年份、非橡木桶釀造」，應該像這樣將葡萄酒的各種要素分解，一邊喝一邊感覺由這些個別要素所形成的味道，然後將之全部記下來。

在其他某個餐廳吃同樣的料理時，理所當然也不會有一樣的恭得里奧。那麼應該怎麼辦呢？這時可以從葡萄酒單裡，挑選跟那款恭得里奧的味道要素相同的就行了。隆格多克（Languedoc）靠近海岸的葡萄園所產的維歐尼耶或許可行；花崗岩、然後靠近海的那麼阿亞克修（Ajaccio）的夏卡雷羅（Sciacarello）或加盧拉的維蒙蒂諾（Vermentino di Gallura）應該也不錯。晚摘、帶著黏稠感的花崗岩土壤地區所產的蜜斯卡岱（Muscadet），讓它熟成5年使酸度穩定的也應該蠻適合的。如果讀完了這本書，應該能夠理解這種有用的推論方式。

這樣的方式看起來可能很麻煩。但是像這樣對酒單仔細思考推敲，應該會發現所獲得的將不只是選對葡萄酒所帶來的喜悅，而是在挑選葡萄酒的過程本身就是件充滿樂趣的事。透過這樣的過程，能夠讓我們倘佯在自然與文化之中，並且與不同的風土人文交流接觸。挑選葡萄酒不是在抽獎，也不是閉著眼睛揮棒然後剛好擊中全壘打；而是應該從每天就不斷地練習，仔細觀察配球，接著鎖定目標球，然後擊中目標場所的安打才對。後者較之前者所帶來的滿足感與成就感是不言而喻的。會這樣，那是因為人類是相當特別的生物，會對未來的結果描繪出一種想像，然後不斷地透過合理的行為來達成目標，最後將心中的想像具體化。

關於現今的葡萄酒消費論述，了解了單詞、也讀過文法，以語義學為主，語法學和語用學為輔，雖然歷時性的解釋（個別的歷史以及製造方法等）很多，但是共時性的解釋卻相當貧乏；同時似乎有話語泛濫而語言受到忽略的現象。就像索緒爾語言學的觀點裡，索緒爾將聲音以及形象稱做是一種符號系統一樣，我想表達的是味道做為一種感覺的存在與心理活動現象之間的關係。也就是葡萄酒只有在個人品嚐過後才開始有了存在，並在產生了心理活動現象之後才開始有其意義。希望我們能以每個人獨自的感覺為基礎，讓個別獨立而遠離我們目前現實生活的葡萄酒能夠重新回到我們的現實生活當中。

最後，為了要完成這本內容有別與以往的書籍，對於我無理的要求總是和顏以對的主婦之友的淺野信子女士，還有為了完成企劃而四處奔走、努力幫忙蒐集葡萄酒的小田祐規先生，以及平日對我幫助甚多的許多朋友，在此要特別向你們表達感謝之意以做為本書的結語。

PROFILE

田中克幸（TANAKA KATSUYUKI）

美食和葡萄酒評論家。1962年生於東京 日本橋。曾在紐約的餐飲企業擔任過董事，也曾在日本某大上市餐飲公司擔任過市場行銷。之後便專注於寫作與演講活動。2014年目前為「WINE-WHAT!?」的主編，並在文京學院大學的葡萄酒文化論課程中兼任講師。此外，在日本橋濱町葡萄酒沙龍（有facebook）也會定期舉辦適合葡萄酒愛好者的相關研討會。

https://www.facebook.com/nh.winesalon

TITLE

如何遇見好喝的葡萄酒？

STAFF

出版	三悅文化圖書事業有限公司
作者	田中克幸
譯者	謝逸傑
總編輯	郭湘齡
責任編輯	黃思婷
文字編輯	黃美玉　莊薇熙
美術編輯	謝彥如
排版	執筆者設計工作室
製版	明宏彩色照相製版股份有限公司
印刷	桂林彩色印刷股份有限公司 紘億彩色印刷有限公司
法律顧問	經兆國際法律事務所　黃沛聲律師
代理發行	瑞昇文化事業股份有限公司
地址	新北市中和區景平路464巷2弄1-4號
電話	(02)2945-3191
傳真	(02)2945-3190
網址	www.rising-books.com.tw
e-Mail	resing@ms34.hinet.net
劃撥帳號	19598343
戶名	瑞昇文化事業股份有限公司
初版日期	2015年9月
定價	280元

ORIGINAL JAPANESE DEITION STAFF

アートディレクション	細山田光宣
装丁・本文デザイン	松本 歩（細山田デザイン事務所）
イラスト	ハラアツシ
撮影	川上尚見・鈴木江実子・三富和幸
料理製作	RYO
編集担当	浅野信子（主婦の友社）
アドバイザー	小田祐規

國家圖書館出版品預行編目資料

如何遇見好喝的葡萄酒? / 田中克幸著；謝逸傑譯. -- 初版. -- 新北市：三悅文化圖書, 2015.08
160　面；14.8 x 21　公分
ISBN 978-986-92063-3-4(平裝)

1.葡萄酒

463.814　　104016107

國內著作權保障，請勿翻印 ／ 如有破損或裝訂錯誤請寄回更換

TAMESHITAKUNARU OISHII WINE NI DEAU HON
© KATSUYUKI TANAKA 2014
Originally published in Japan in 2014 by SHUFUNOTOMO CO.,LTD.
Chinese translation rights arranged through DAIKOUSHA INC.,Kawagoe.